Ratnesh Kumar Dubey

Estrutura de dados

Ratnesh Kumar Dubey

Estrutura de dados

ScienciaScripts

Imprint

Any brand names and product names mentioned in this book are subject to trademark, brand or patent protection and are trademarks or registered trademarks of their respective holders. The use of brand names, product names, common names, trade names, product descriptions etc. even without a particular marking in this work is in no way to be construed to mean that such names may be regarded as unrestricted in respect of trademark and brand protection legislation and could thus be used by anyone.

Cover image: www.ingimage.com

This book is a translation from the original published under ISBN 978-620-6-84556-0.

Publisher:
Sciencia Scripts
is a trademark of
Dodo Books Indian Ocean Ltd. and OmniScriptum S.R.L publishing group

120 High Road, East Finchley, London, N2 9ED, United Kingdom
Str. Armeneasca 28/1, office 1, Chisinau MD-2012, Republic of Moldova, Europe
Printed at: see last page
ISBN: 978-620-7-63630-3

Conteúdo

Nome: - Ratnesh Kumar Dubey
Professor assistente
Departamento de Ciência da Computação e Engenharia
MP da Universidade ITM Gwalior
ratnesh.soet@itmuniversity.ac.in

A estrutura de dados é usada para organizar ou estruturar os dados para organização dos dados da memória do computador. A estrutura de dados é uma técnica benéfica para armazenar e coletar dados no computador. Várias estruturas de dados são apropriadas para múltiplas aplicações e algumas são particularmente especializadas para atividades específicas.

OBJETIVOS

- Explique o conceito de estrutura de dados.
- Explique diferentes tipos de dados.
- Discuta diferentes estruturas de dados usadas em uma aplicação do mundo real.

PRÉ-REQUISITOS

A estrutura de dados é uma das partes essenciais do estudante de ciência da computação. Antes de estudar a estrutura de dados, devemos conhecer quaisquer linguagens de programação, ou seja, C, C++, JAVA, PYTHON, etc. Além disso, ter algum conhecimento analítico e lógico para compreender os conceitos básicos de estrutura de dados. Para facilitar o entendimento neste livro, demonstraremos o conceito de estrutura de dados com a ajuda da linguagem de programação C.

REVISÃO DA LINGUAGEM DE PROGRAMAÇÃO C

C é uma linguagem de computador antiga e eficaz que suporta programação estruturada, já que C é projetado para converter comandos de linguagem superior em comandos de máquina comuns de forma eficiente. É constantemente usado em aplicativos de montagem de linguagem desenvolvidos anteriormente, como sistemas operacionais e outros softwares de aplicação de máquina, desde supercomputadores para dispositivos embarcados.

Dennis Ritchie desenvolveu a linguagem de programação C nos Laboratórios Bell em 1972, que é uma linguagem de computador estruturalmente orientada. A funcionalidade de programação para C foi retirada de uma linguagem mais antiga, "B". Para a implementação do sistema operacional UNIX, a linguagem C foi inventada. Em 1978, a primeira edição de "The C Programming Language" foi publicada por Dennis Ritchie e Brian Kernighan. Era comumente referido como K&R C. Em 1983, o American National Standards Institute (ANSI) criou um comitê que definiu C de uma forma avançada e abrangente. No final de 1988, foi concluída a definição de "ANSI C". Muitas ideias e conceitos de C vieram da linguagem B anterior, identificando esta nova linguagem "C".

Figura 1 Taxonomia da Linguagem C

Um programa C possui uma ou mais funções, que especificam a função como um conjunto de instruções que executam uma tarefa bem definida. A evolução da linguagem de programação C é mostrada na Figura 1. Para cumprir uma determinada função, a instrução em uma função é escrita logicamente. A main() é a função primária e está incluída em cada programa C. Começa com esta função em vez de executar um programa C. Cada função pode organizar muitas instruções de acordo com uma sequência significativa especificada. Observe que os programadores podem escolher qualquer nome de função. Função1, Função2, etc., não são obrigatórias para escrever, exceto que cada programa deve ter uma função com seu nome de função principal.

CAPÍTULO 1

INTRODUÇÃO A ESTRUTURA DE DADOS

1.1 Introdução da estrutura de dados

Na pesquisa, representação e interpretação de dados, os computadores são conhecidos como ciência da computação. Analisamos o tipo de operação de cada item de dados para que essas ações possam ser realizadas de forma eficiente. A melhor forma de programar é utilizar e definir o item de forma inteligente. Duas abordagens são, portanto, necessárias:

- Novas formas de representar dados estão disponíveis.
- Avalie um algoritmo que funcione com estrutura.

Devemos entender os diferentes termos acima antes de prosseguir. Existem várias palavras acima. Exemplos disso incluem estrutura de dados, tipo de dados e representação. O tipo de dados é uma palavra que descreve os muitos tipos de dados que as variáveis podem armazenar. Cada linguagem de programação possui sua coleção de tipos de dados. Isso significa que a linguagem permite que variáveis armazenem dados sob seu nome para fornecer diversas operações para processamento significativo dessas variáveis. Alguns tipos de dados, como inteiro e caractere, são fáceis de fornecer, pois estão incluídos em conjuntos de instruções de computador para linguagem de máquina. Outras formas de dados requerem muito mais tempo e memória. Essas características permitem construir combinações de tipos vinculados em muitas linguagens (como estruturas em C). Porém, um tipo de dados novo e complicado que não é suportado pela linguagem de programação deve ser criado através dessa abordagem. Em termos de manipulação, o novo tipo também deve ter significado. Esse tipo de dados útil é chamado de "tipo de dados abstrato".

1.2 Estrutura de dados

A estrutura de dados na ciência da computação é um meio de organizar informações para facilitar sua utilização. As estruturas de dados determinam como os dados podem ser armazenados e usados no computador. Quando o foco é o que pode ser feito, as pessoas normalmente falam sobre tipo de dados abstrato (ADT). Para algumas operações, o DS costuma ser otimizado. A parte crítica da programação é a melhor estrutura de dados para resolver o problema. Programas que usam a estrutura de dados adequada são mais fáceis de escrever e funcionam melhor.

A estrutura de dados é um aspecto essencial do gerenciamento de dados e nosso principal interesse está neste livro. Uma estrutura de dados é geralmente um grupo de pedaços de dados reunidos sob um único nome e define uma maneira eficaz de armazenar e organizar dados em um computador.

Os blocos de construção do software são estruturas de dados. Um software construído com estrutura de dados inadequada pode não funcionar conforme planejado. Como programador, a escolha das estruturas de dados mais adequadas para um programa é obrigatória. A frase dados refere-se a um conjunto de valores ou a um valor. O valor da variável ou uma constante é especificado. Enquanto um item de dados sem subordinados é classificado como item elementar, o item que consiste em um ou mais subordinados é denominado item de grupo. Por exemplo, o nome do aluno pode ser dividido nos subitens primeiro, último e nome do meio, embora o número do rolo seja normalmente tratado como um único artigo.

A coleta de dados é um recorde. Por exemplo, dados individuais são nome, endereço, curso e nota obtida. Entretanto, todos esses bits de dados podem ser compilados em um registro.

Um arquivo é uma coleção de informações. Por exemplo, se houver 60 alunos em uma turma, 60 registros estarão disponíveis. O arquivo contém todos esses registros associados. Também podemos ter um arquivo de todos os funcionários da empresa, um arquivo de cada cliente da empresa, um arquivo de todos os fornecedores, etc.

Além disso, cada registro em um arquivo pode ser composto por vários itens de dados, mas apenas identifica o registro no arquivo pelo seu valor. O item de dados AK é a chave primária e os valores K1, K2 ... são chamados de chave ou valores-chave nesse campo. O campo número do rolo, por exemplo, é uma chave primária no registro do aluno, incluindo o número do rolo obtido, nome, endereço, curso e notas. O restante desses campos, nomes, endereços, cursos e vestígios, como dois ou mais alunos podem ter o mesmo nome ou endereço, não podem ser usados como chaves primárias ou podem estar matriculados ou ter recebido a mesma nota, pois podem ficar no mesmo lugar.

1.3 Conceitos de dados e informações

1.3.1 Dados

Os dados são um conjunto de valores de variáveis qualitativas e quantitativas. Os dados estão disponíveis na computação (processamento de dados) em uma estrutura comumente tabular (expressa por linhas e colunas), na árvore (conjunto de nós pai-filho) ou gráfico (conjunto de nós conectados). Normalmente, os dados são medidos e podem ser vistos por meio de gráficos e imagens. Os dados podem ser vistos como a palavra abstrata que produz informação e conhecimento no nível menos abstrato.

Dados não processados, geralmente conhecidos como dados brutos, significam coleta e quantidades relacionadas, caracteres; o processamento da informação é geralmente realizado através de etapas e os dados brutos da etapa seguinte são considerados informações processadas da etapa anterior. Os dados de campo são dados brutos coletados de maneira não controlada. Os dados obtidos por observação e registro em um estudo científico são chamados de dados experimentais.

1.3.2 Informações

Informação é o que nos informa, por exemplo, qualquer informação que possa ser adquirida. Os dados são transmitidos como conteúdo de uma mensagem ou de forma direta e indireta. Diferentes tipos de transmissão e interpretação podem codificar informações. As informações podem ser codificadas e enviadas por meio de sinais. A informação corrige a incerteza. A incerteza de um evento é medida e está inversamente ligada à sua probabilidade. É um evento muito incerto; mais dados são necessários para resolver a incerteza de tal evento. Em outras palavras, a mensagem em diferentes contextos tem significados diferentes. Portanto, a ideia de informação tem uma ligação íntima com noções de restrição, comunicação, controle e dados, educação, conhecimento e significado.

1.4 Classificação de Estruturas de Dados

O DS pode ser geralmente dividido em duas categorias:

1   Estrutura de dados integrada/primitiva
2   Estrutura de dados definida pelo usuário/não primitiva

1.4.1 Estruturas de dados primitivas

O DS primitivo é um DS fundamental que funciona diretamente de acordo com as instruções da máquina. Em computadores diferentes, eles possuem representações diversas. Inteiro, número de pontos flutuantes, constantes de caractere, constantes de string e pontos se enquadram nesta categoria.

Em outras palavras, os tipos de dados básicos fornecidos por uma linguagem de computador são estruturas de dados primitivas. Algumas formas primárias de dados são inteiros, reais, booleanos e caracteres. 'Tipo de dados' é frequentemente usado de forma intercambiável em 'tipo de dados fundamental' e 'tipo de dados primitivo'.

1.4.2 Estruturas de Dados Não Primitivas

É complicado e deriva do DS primitivo. Eles enfatizam que os mesmos e distintos itens de dados relacionados a cada objeto do banco de dados são agrupados.

Esta categoria inclui arrays, listas e arquivos – a figura 1.1 mostra a classificação da estrutura de dados. Se os elementos da estrutura de dados forem salvos de forma linear ou sequencial, os dados serão organizados de forma lógica. Matrizes, listas vinculadas, pilhas e filas são instâncias. Existem duas maneiras de exibir estruturas de dados lineares na memória. Uma linha direta de comunicação entre peças através de posições sucessivas é um sentido. A técnica alternativa é estabelecer uma relação linear por meio de ligações entre itens.

No entanto, se as partes da estrutura de dados não forem salvas sequencialmente, a estrutura de dados será não linear. A relação de adjacência entre elementos de estrutura de dados não lineares não é mantida – por exemplo, árvores e gráficos.

1.4.2.1 Estrutura de dados linear

podem ser construídas estruturas de dados lineares . Pode ser construído usando o tipo de array. O relacionamento entre os itens de dados é mantido em estruturas de dados lineares.

A lista possui vários itens de dados vinculados por link ou ponteiro. A lista foi ordenada. Uma lista vinculada também é chamada de tipo de lista. Existem dois tipos de listas vinculadas: listas vinculadas simples e listas duplamente vinculadas.

• Lista vinculada individualmente: A lista vinculada é utilizada em uma direção entre os nós.

• Lista duplamente vinculada: os dois ponteiros separados são utilizados em ambas as direções para percorrer entre os nós.

Uma lista vinculada é frequentemente usada para representar quaisquer dados, também utilizada em pacotes DBMS indiferentes em aplicativos de processamento de texto. Dois subconjuntos estão incluídos na lista. Eles são:

• Stack: O sistema last-in-first-out também é conhecido como LIFO. É uma lista linear que insere e exclui apenas uma extremidade. Eles costumavam avaliar várias expressões.

• Fila: Também conhecido como sistema primeiro a entrar, primeiro a sair (FIFO). A inserção é uma lista linear feita em uma extremidade chamada traseira e excluída na outra extremidade chamada frontal. A lista linear geralmente funciona no sistema operacional e nas redes.

1.4.2.2 Estrutura de dados não linear:

A estrutura de dados não linear desenvolvida por um ponteiro exclusivo para coletar o item de dados distribuído aleatoriamente (tag). A relação de adjacência entre itens de dados não é preservada no DS não linear.

Estruturas de dados não lineares são comumente utilizadas.

- Árvores: a relação hierárquica entre os diferentes itens é mantida.
- Gráficos: retém relacionamentos aleatórios e relacionamentos ponto a ponto entre diferentes elementos.

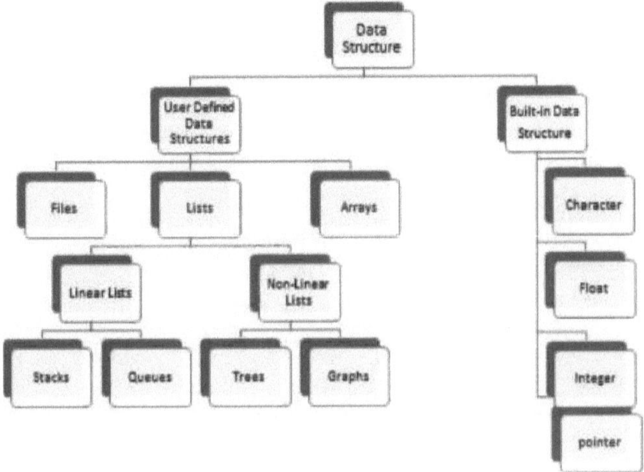

Figura 1.1Classificação de Estruturas de Dados

1.5 Tipos de dados abstratos

A maneira como olhamos para uma estrutura de dados, focamos no que ela faz e ignoramos como seu trabalho é feito. Uma arquitetura básica de tipo de dados abstrato (ADT) é mostrada na Figura 1.2. Pilhas e filas, por exemplo, são exemplos ideais de ADT. Podemos usar um array ou uma lista vinculada para implementar esses dois ADTs. A natureza abstrata das pilhas e filas é assim demonstrada. Separamos o termo em 'tipo de dados' e 'abstrato' e então descobrimos seu significado para compreender a importância de um tipo de dados abstrato.

1.5.1 Tipo de dados

O tipo de dados são os valores definidos que a variável pode assumir. Os principais tipos de dados em C já foram lidos: int, char, float e double. Consideramos duas coisas quando falamos sobre um tipo primário (tipo de dados integrado) – um datagrama com recursos específicos e as ações permitidas nesses dados. Por exemplo, um valor numérico completo de -32768 a 32767 pode estar contido em uma variável int e pode ser usado com operadores +, -, * ou /. Em outras palavras, um componente integral da sua identidade é a operação que pode ser realizada sobre um tipo de dados. Portanto também precisamos indicar as operações que podem ser feitas quando declaramos um dado de variável de tipo abstrato.

1.5.2 Resumo

No contexto das estruturas de dados, o termo "abstrato" refere-se a estruturas de dados que são consideradas independentemente de suas especificações ou implementação exatas. A representação lógica de como interpretamos os dados e operações que são permitidas, independentemente de como são implementadas, é um tipo de dados abstrato que às vezes é abreviado como ADT. Isso significa que nos preocupamos apenas com os dados e não com a forma como eles serão produzidos. Eles fornecem um encapsulamento em torno dos dados, fornecendo esse grau de abstração. A ideia é ocultá-los da perspectiva do consumidor, encapsulando detalhes de implementação. Isso é chamado de informação ocultada. Usando estruturas de programação específicas e tipos de dados fundamentais, eles devem fornecer uma visão física dos dados para desenvolver tipos de dados abstratos, também conhecidos como estrutura de dados.

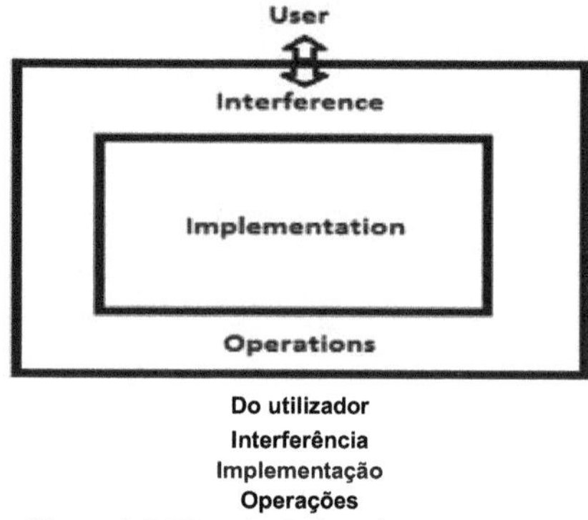

Do utilizador
Interferência
Implementação
Operações

Figura 1.2 Tipo de dados abstratos (ADT)

1.5.3 Vantagem de usar ADTs

Os programas estão evoluindo no mundo real devido a novos requisitos ou limitações, de modo que uma alteração em uma única ou em várias estruturas de dados muitas vezes exige uma alteração em um programa. Por exemplo, se você quiser adicionar um novo campo ao registro de um aluno para controlar mais dados sobre cada aluno, considere substituir uma matriz por uma matriz vinculada para tornar o aplicativo executado mais rapidamente. Nessa circunstância, não é ideal reescrever cada processo usando a estrutura modificada. A aplicação de uma estrutura de dados independente dos meandros de sua implementação é, portanto, uma alternativa melhor. Esta é a base das categorias abstratas de dados.

1.6 Representação de Memória

Alocação de memória é a técnica de estabelecer porções de memória em um programa para armazenar variáveis, estrutura e instâncias de classe. Em C, podemos escolher dois tipos de alocações de memória:

- Alocação em tempo de compilação ou estática.
- Alocação em tempo de execução ou dinâmica (usando ponteiros).

1.6.1 Tempo de compilação ou alocação estática

A alocação de memória em tempo de compilação significa reservar memória para variáveis, constantes durante o processo de construção. Então, quantos bytes você precisa saber exatamente? A matriz é usada para atribuir o tipo de alocação. Não temos controle sobre a RAM alocada, a maior desvantagem da alocação do tempo de construção. O compilador é responsável pelo gerenciamento de memória e não pode adicionar, diminuir ou liberar memória após a compilação. Também podemos nos referir a isso como alocação estática de atribuição de memória/pilha de tempo.

1.6.2 Tempo de Execução ou Alocação Dinâmica

A alocação dinâmica de memória requer a execução de um programa com um bloco de memória do sistema operacional primário. O software então usa essa memória de uma determinada maneira em tempo de execução. Geralmente, um objetivo é adicionar um nó à estrutura de dados. A alocação dinâmica de memória é usada em linguagens orientadas a objetos para armazenar novos objetos. As seguintes novas funções dinâmicas e de alocação estão disponíveis em C:

- maloc( )
- chamar( )
- livre( )
- realocar( )

1.6.2.1 A função Malloc( )

Malloc significa alocação de memória usada para alocar memória dinamicamente para um bloco grande com tamanho definido pelo usuário. Usando a função malloc, podemos alocar o tamanho de memória fornecido e retornar os pontos do ponteiro para o início do bloco de memória. No contexto da sintaxe do malloc, ele leva apenas um argumento como parâmetro, que indica o tamanho do bloco. A função malloc é mostrada abaixo, que aloca o bloco de memória de tamanho igual a 100 inteiros e pontos de dados do ponteiro para seu inteiro inicial.

Sintaxe da função Malloc:

malloc(#elementos * tamanho_elemento);

Exemplo: int *dados;

dados = malloc(100*tamanho(int))

1.6.2.2 A função Calloc( )

Calloc significa alocação de memória contígua. Este método é semelhante à função malloc(); só que requer dois argumentos em vez de apenas um. Seus usos são os mesmos do malloc, mas é mais seguro e inicializa todos os itens do bloco por zero - um exemplo de calloc mostrado abaixo é o mesmo do exemplo de malloc para alocar 100 blocos de elementos do tipo inteiro.

Sintaxe da função Calloc:

Calloc(#elementos, tamanho_elemento);

Exemplo: int *dados;

dados = calloc(100, 2)

1.6.2.3 A Função Livre( )

As funções free() estão sendo usadas para liberar memória que foi alocada usando as funções malloc() e calloc(). Alocados anteriormente são utilizados pelo ponteiro de dados que podem ser excluídos com a ajuda da função gratuita mostrada abaixo.

Exemplo:

grátis (dados);

1.6.2.4 A função Realloc( )

O método é usado para redimensionar um tamanho de bloco de memória já alocado. Foi usado em 2 situações:

- Quando o aplicativo atual não possui o bloco de memória alocado.
- Quando a RAM alocada é muito maior do que o exigido pelo aplicativo atual.

Por exemplo, se 100 inteiros alocados anteriormente não forem suficientes, então com a ajuda da função realloc, podemos aumentar o tamanho do bloco conforme mostrado no exemplo abaixo.

Exemplo:

dados= realloc (dados, tamanho_atualizado);

1.6.3 Processo de Alocação de Memória

As variáveis locais são retidas dentro de um espaço de pilha, enquanto o armazenamento permanente de todas as variáveis globais, as variáveis estáticas permanecem durante todo o programa, mas o escopo é limitado ao local onde ele define. As variáveis do programa economizam espaço de memória entre duas regiões, ou seja, as áreas de heap e de pilha. A área Heap é usada para alocação dinâmica de memória durante a execução do programa. O tamanho da pilha muda constantemente.

1.7 Matrizes

Uma matriz é uma estrutura de dados não primitiva que faz parte da estrutura de dados linear. É uma coleção de elementos de dados homogêneos que são armazenados em um local de memória contíguo. Seus itens de dados são do mesmo tipo e a variável array armazena o endereço do primeiro bloco. Os elementos essenciais dos arrays são a parte Dados e seu índice. A parte de dados é usada para armazenar os itens do array, e com a ajuda do índice, podemos acessar os diversos elementos do array. O índice da matriz varia de 0 a N-1, onde o índice 0 indica o endereço base da matriz. Suponha que A seja uma matriz de n elementos, então o local e o endereço inicial do elemento são fornecidos.

LOC(A $_i$) = Endereço_base_A + (i - 1) * Tamanho_Dados

Sintaxe da matriz:

nome do tipo Array_name[tamanho_Array];

Exemplo:

int arr[20];

A declaração acima declara um array com 20 elementos. No exemplo acima, existem 20 itens na matriz. O primeiro elemento é salvo em arr[0], o segundo em arr[1], etc. Portanto, arr[19] armazena o 20º elemento conforme indicado na Figura 1.3.

1º item	2º item	3º item	4º item	6º item		18º item		19º item	20º item
arr[O]	arr[l]	arr[2]	arr[3]	arr[4]			arr[17]	arr[18]	arr[19]
100	102	104	106	108			134	136	138

Figura 1.3 Representação em memória de um array de 20 elementos

1.7.1 Matriz Unidimensional

A matriz unidimensional (frequentemente chamada de matriz 1-D) é uma - matriz linear unidimensional. Para acessar seus elementos, indicava um único subscrito que poderia especificar um índice de coluna. Deve ser definido antes de acessar o array no programa. Sintaxe do array 1-D mostrado abaixo, onde data_type representa o tipo de elementos presentes no array, array_name representa o nome do array e Size_array representa o número de elementos armazenados no array.

Sintaxe de 1-D:

data_typearray_name[tamanho_array];

Exemplo:

int Stud[40];

flutuar Sal[30];

nome do caractere[15];

No exemplo acima, o array inteiro do Stud pode armazenar 40 alunos do tipo inteiro. O array Sal é um array do tipo flutuante que armazena 30 elementos. A matriz de Name armazena o nome do tipo de caractere de 15 elementos. O Programa 1.1 explica o conceito de array 1-D com a ajuda de um exemplo que insere o elemento 8 do tipo inteiro e imprime a média desse número.

Programa 1.1: Um programa introdutório para encontrar a média de

um array em C --

```c
#include <stdio.h>
int principal() {
int arr[8] = {10, 30, 20, 60, 50, 80, 70};
total interno, itr;
média flutuante;
total = média = 0;
for(itr = 0; itr <8; itr++)
{
total = total + arr[itr];
}
média = (float)total / itr;
printf("A média obtida de determinados itens do array é %.2f", avgrage);
retornar 0;
}
```

SAÍDA

A média obtida de determinados itens da matriz é 40.

1.7.2 Matrizes bidimensionais

Matrizes bidimensionais, muitas vezes chamadas de matriz 2-D, são uma coleção de elementos em duas direções que podem ser manipuladas com os dois subscritos. Também podemos dizer que 2-d é uma coleção de vários arrays unidimensionais com diferentes quantidades de linhas. Dois subscritos referem-se a uma linha e coluna da matriz. Ainda assim, é uma representação lógica da matriz 2D; ele é armazenado linearmente na memória. Existem dois métodos para se referir a uma matriz bidimensional na memória. Uma matriz pode se referir aos itens na ordem principal da linha, onde os elementos da matriz são armazenados em linhas, e na ordem principal da coluna, onde os elementos da matriz são armazenados em colunas.

Sintaxe da matriz 2-D:

Data_typearray_name[#row][#coloum];

Exemplo:

Int arr[4][6];

	Col 0	Col 1	Col 2	Col 3	Col 4	Col 5
Linha 0	arr[0][0]	arr[0][1]	arr[0][2]	arr[0][3]	arr[0][4]	arr[0][5]
Linha 1	arr[1][0]	arr[1][1]	arr[1][2]	arr[1][3]	arr[1][4]	arr[1][5]
Linha 2	arr[2][0]	arr[2][1]	arr[2][2]	arr[2][3]	arr[2][4]	arr[2][5]
Linha 3	arr[3][0]	arr[3][1]	ar[3][2]	arr[3][3]	arr[3][4]	arr[3][5]

Linha 4 | arr[4][0]   arr[4][1]   arr[4][2]   arr[4][3]   arr[4][4]   arr[4][5]

O exemplo acima mostra um array 2-D denominado arr com 4 linhas e 6 colunas. O primeiro elemento é arr[0][0], o elemento final da tabela é o elemento da matriz arr[3][5] e o número total de itens em arr é 6*5=30. O Programa 1.2 mostra a demonstração do array 2-D, que insere um elemento do array[3][4] e imprime os elementos do mesmo.

Programa 1.2: Um programa básico para demonstrar array bidimensional em C. --

```c
#include<stdio.h>
int principal()
{
int p=0,q=0;
matriz interna[3][4]={{1,2,3,6},{2,4,3,7},{3,4,5,6}};
para(p=0;p<3;p++)
{
para(q=0;q<4;q++)
{
printf("Elemento da matriz em [%d] [%d] = %d \n",p,q,array[p][q]); }//fim
do loop interno
}//fim do loop externo
retornar 0;
}
```

SAÍDA

Elemento da matriz em [0][0] = 1
Elemento da matriz em [0][1] = 2
Elemento da matriz em [0][2] = 3
Elemento da matriz em [0][3] = 6
Elemento da matriz em [1][0] = 2
Elemento da matriz em [1][1] = 4
Elemento da matriz em [1][2] = 3
Elemento da matriz em [1][3] = 7
Elemento da matriz em [2][0] = 3
Elemento da matriz em [2][1] = 4
Elemento da matriz em [2][2] = 5
Elemento da matriz em [2][3] = 6

CAPÍTULO 2

L ISTA VINCULADA

Uma lista vinculada é uma estrutura de dados dinâmica e excepcionalmente flexível com listas sequenciais de itens (chamadas de nós). Ao contrário dos arrays de natureza estática, um programador não precisa se preocupar com o número de elementos salvos na lista vinculada. Esta função permite que os programadores produzam programas resilientes e com manutenção eficiente. Cada nó possui espaço em uma lista relacionada ao link, adicionando-o à lista, e a parte de dados armazena o item da lista. Isto implica que cada nó contém dois tipos de dados em uma lista vinculada:

- Parte de dados ou valor do nó que contém dados do elemento.
- A parte do link contém o endereço do próximo nó da lista.

Listas vinculadas e matrizes são comparáveis, pois ambas são usadas para coleta de dados. A matriz é a estrutura de coleta de dados usual que contém elementos no local de memória contínua. Arrays podem ser declarados e habilitar a sintaxe de fácil acesso pelo número de índice de qualquer elemento. Depois que o array é declarado, é conveniente e rápido acessar qualquer elemento. A lista vinculada é uma lista de coisas conectadas por referências objeto a objeto. Normalmente, esses elementos são chamados de nós, e a referência ao próximo nó é a lista vinculada fundamental. A referência NULL para o último nó implica que a lista terminou. Como a memória de um nó é atribuída dinamicamente à lista, a quantidade de memória necessária é igual ao número total de nós aos quais uma lista pode ser anexada. Mas na lista vinculada não podemos acessar o nó diretamente; temos que percorrer a lista para acessar o nó específico da lista. Na lista vinculada, não foi necessário atribuir inicialmente o tamanho da lista; nós podem ser adicionados de acordo com nossa necessidade. A representação básica da lista vinculada é mostrada na Figura 2.1, onde a lista contém os 4 nós onde o nó contém os dados 15 é o nó inicial apontado pelo ponteiro principal e o nó contém os dados 35 é o último nó cujo próximo ponteiro aponta para NULO.

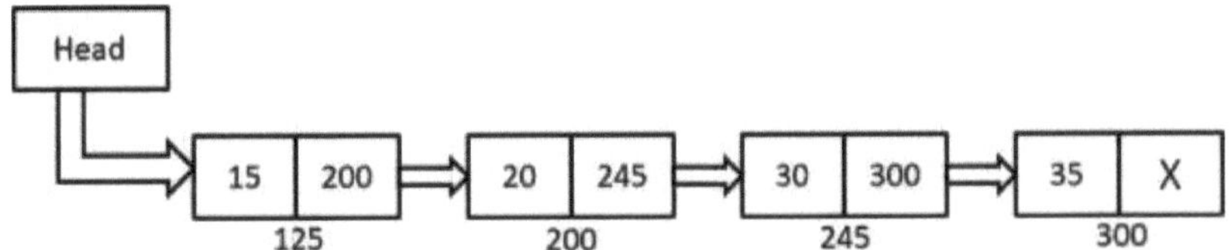

Figura 2.1 Representação lógica da lista vinculada.

2.1 Representação de lista vinculada na memória

Conforme discutido anteriormente na seção 2.1, é uma representação lógica da lista vinculada, mas na memória não existem blocos chamados nós. A representação da lista encadeada na memória é simples. Cada lista vinculada consiste em 2 matrizes lineares. Um é usado para armazenar informações chamadas INFO. O outro é LINK, que mostra a parte do ponteiro. HEAD inclui o local de início da lista; o final da lista é relatado quando o próximo ponto é NULL. A Figura 2.2 mostra o exemplo da lista vinculada que mostra que muitos itens podem ser mantidos em matrizes lineares de INFO & LINK. No entanto, toda lista deve ter uma referência de variável que forneça a localização do primeiro nó.

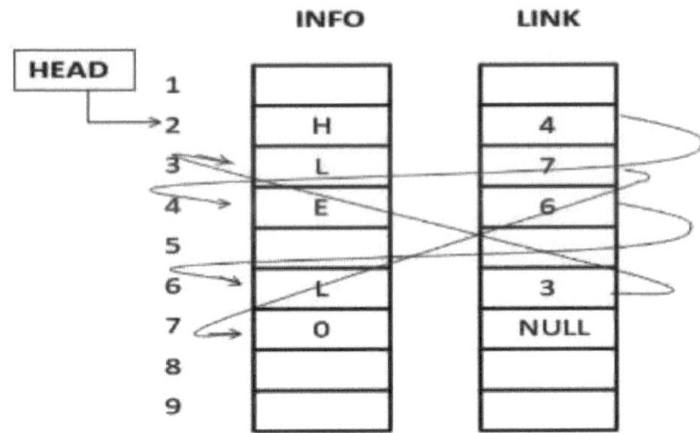

Figura 2.2 Uma lista vinculada na memória onde cada nó da lista contém um único caractere

START=2, então o primeiro caractere da lista é INFO[2]=H.
LINK[2]=4, então o segundo caractere da lista é INFO[4]=E
LINK[4]=6, então o terceiro caractere da lista é INFO[6]=L.
LINK[6]=3, então o quarto caractere da lista é INFO[3]=L.
LINK[3]=7, então o último caractere da lista é INFO[7]=O.

2.2 Tipos de lista vinculada

A lista vinculada é de quatro tipos:
*   Lista vinculada individualmente.

- Lista Duplamente Vinculada.
- Lista vinculada circular.
- Lista Duplamente CircularLinked

Cada lista vinculada individualmente possui um link sequencial entre todos os nós. Portanto, também é chamada de lista linear. A lista de links duplos possui links duplos entre todos os nós, de modo que um nó sucessor acessado pelo próximo nó e um nó anterior também possam ser acessados pelo nó anterior. Assim, são necessários dois campos de link (ponteiros) em uma lista Doubly, o ponteiro Próximo e o ponteiro Anterior para cada nó. Isso ajuda a alterar o movimento para frente e para trás. A lista vinculada circular não tem início nem fim. A lista vinculada individualmente pode criar a lista vinculada circular colocando o próximo do último nó em seu primeiro nó. A lista vinculada duplamente circular é a combinação da lista circular e duplamente vinculada.

2.3.1 Lista vinculada individualmente

Para cada elemento em seu bloco de memória conhecido como 'nó', da lista vinculada permite basear separadamente. A lista obtém uma estrutura fundamental ao vincular todos os seus nós e conexões na cadeia usando ponteiros. Existem dois itens em cada nó, o campo "dados" para armazenar os dados e o campo "próximo", que pode ser conectado ao próximo nó. Cada processo é selecionado para o heap usando malloc() para que o nó de memória fique disponível até que free() seja explicitamente chamado. A frente da lista é o ponteiro do nó "inicial". A Figura 2.3 mostra os fundamentos da lista vinculada individualmente, onde a lista contém os 5 nós que são conectados pelo ponteiro de link da lista vinculada.

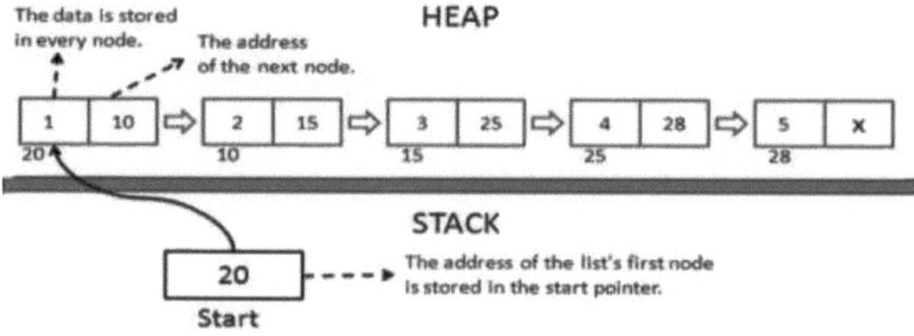

Figura 2.3 Representação de lista vinculada individualmente

Inicialmente, o início contém o endereço do primeiro nó da lista encadeada, indicando o início da lista. O primeiro nó contém o endereço do segundo nó. Um segundo nó carrega um terceiro ponteiro de nó, etc. O último nó da lista é definido como NULL indica o fim da lista. O código tem permissão para acessar todos os nós da lista, iniciando ou seguindo os próximos ponteiros. O ponto de partida é um ponto local comum que varia; portanto, a pilha no canto superior esquerdo é desenhada separadamente. O nó da lista é direcionado para a direita para demonstrar a atribuição no heap. As operações básicas da lista vinculada individualmente são:

- Criação.
- Inserção.
- Eliminação.
- Atravessando.

a) Criação da Lista Vinculada: A lista vinculada é criada com funções de alocação dinâmica de memória. Deve haver memória de acesso aleatório suficiente para criar um nó. Os dados são salvos na memória.

b) Inserção de Nó: A inserção de um nó é um dos principais processos na lista vinculada individualmente. Antes de ler os dados, a memória deve ser alocada para o novo nó (da mesma forma, ao criar uma lista). O novo nó está vazio. O campo de dados do novo nó é salvo com informações lidas pelo usuário. NULL é alocado para o próximo campo do novo nó. Existem três maneiras de inserir um novo nó:

1) Inserção no início: A inserção do nó no início da lista vinculada pode ser feita facilmente apontando o ponteiro do nó inserido para o primeiro nó da lista e colocando o endereço do nó inserido no início. Todo o processo de inserção no

o início é mostrado na Figura 2.4.

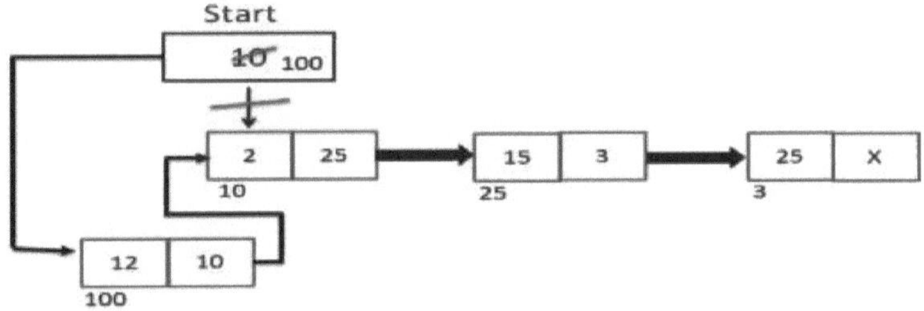

Figura 2.4: Inserção de nó no início da lista ligada individualmente

2) Inserção no final: A inserção do nó no final da lista vinculada é feita apontando o último nó da lista vinculada para o nó inserido. O próximo nó inserido está apontando para NULL. A Figura 2.5 mostra o processo de inserção do nó no final.

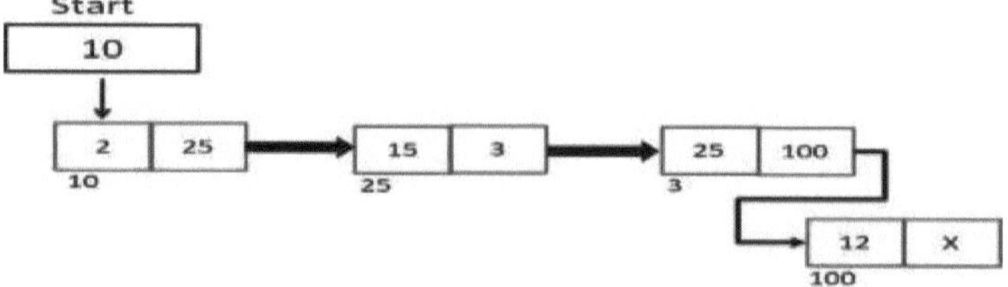

Figura 2.5: Inserção do nó final na lista unida individualmente.

3)   Inserção na posição intermediária: A inserção do nó em qualquer local específico pode ser feita pelo próximo do nó inserido apontar para o próximo do nó de localização e próximo do nó de localização para o nó inserido, respectivamente. A Figura 2.6 mostra o processo de inserção em um local específico colocando o nó na segunda posição.

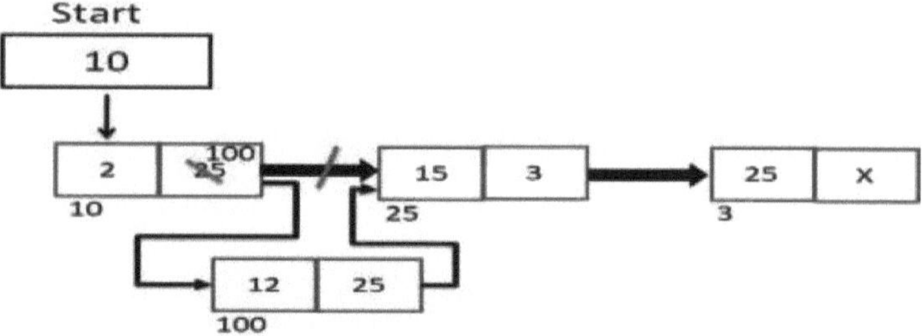

Figura 2.6: Inserção do nó em uma posição específica da lista unida individualmente.

c) Exclusão de nó: a exclusão de um nó é outra ação primitiva em uma lista vinculada. A memória deve ser liberada para excluir o nó. O nó pode ser removido dos três locais separados da lista.

1)   Exclusão no início: A exclusão de um nó do início da lista vinculada pode ser realizada colocando o endereço do próximo nó da lista no ponteiro inicial. A Figura 2.7 mostra a exclusão do nó do início da lista vinculada.

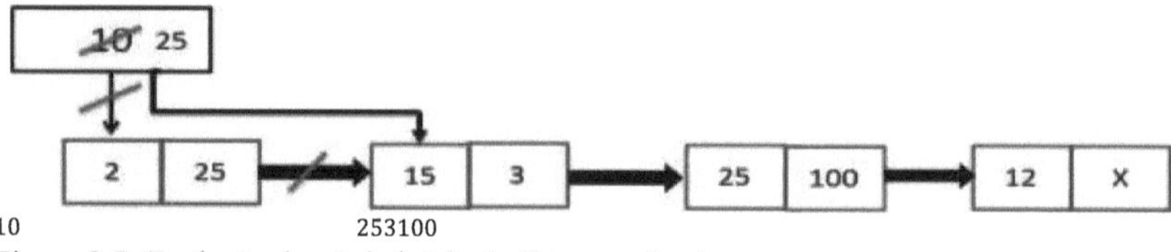

Figura 2.7: Exclusão do nó do início da lista encadeada.

2)   Exclusão no final: A exclusão do nó do último da lista vinculada individualmente pode ser realizada apenas colocando o ponteiro NULL no penúltimo nó da lista. A Figura 2.8 mostra a exclusão de um nó do último nó

20

da lista vinculada individualmente.

Começar

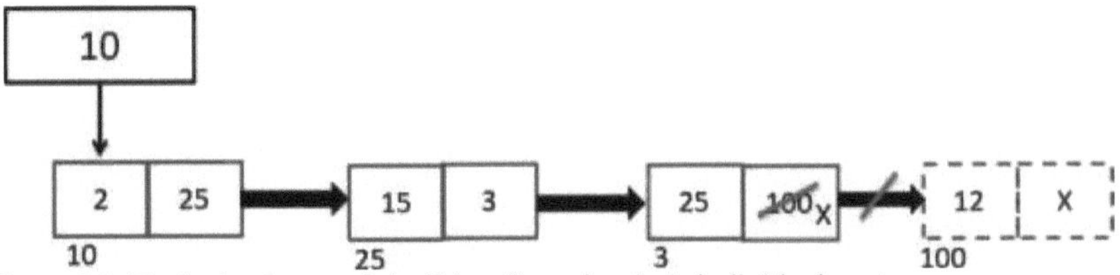

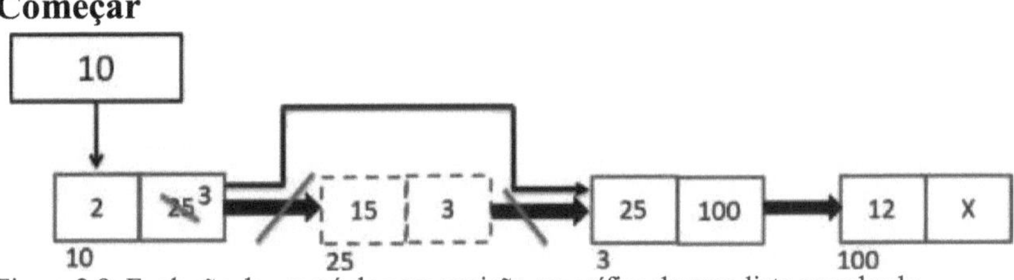

Figura 2.8: Exclusão de um nó da última lista vinculada individualmente.

3)   Exclusão em uma posição intermediária: A exclusão de um nó de qualquer posição específica de uma lista vinculada individualmente pode ser feita apontando o ponteiro do nó anterior a ser excluído para o próximo nó a ser excluído. A Figura 2.9 mostra a exclusão de um nó em qualquer local específico da lista vinculada individualmente.

Começar

Figura 2.9: Exclusão de um nó de uma posição específica de uma lista encadeada individualmente.

d) Atravessando: Traversingof alist envolve as seguintes etapas:

- Atribua um ponteiro temporário ao início da lista vinculada.

- Exiba dados do campo de dados de cada nó. A função traverse () é usada para percorrer e exibir dados da esquerda para a direita na lista.

O Programa 2.1 mostra as operações básicas de uma lista encadeada simples. Neste programa, criamos funções para todas as operações discutidas anteriormente, e a chamada é feita a partir da função principal de acordo com o uso.

Programa 2.1: Um programa introdutório para demonstrar uma lista vinculada individualmente--

#include<stdio.h>
#include<stdlib.h>
estrutura do nóSLL
dados internos;
estrutura nodeSLL *link;
};

21

```
estrutura nodeSLL *start;
vazio insert_beg();
vazio insert_last();
void insert_random();
void delete_beg();
void delete_last();
void delete_random();
void disp();
void encontrar();
vazio principal ()
{
opção interna =0;
enquanto (opção! = 9)
{
    printf("\n Pressione 1 para Inserir no início 2 para Inserir no último 3 para
Inserir em local aleatório 4 para Excluir do início 5 para Excluir dos últimos
                6 para Excluir em local aleatório 7 para Pesquisar 8 para
Mostrar 9 para Sair Digite sua opção?\n");
scanf("\n%d",& opção);
mudar (opção)
{
caso 1:
insert_beg();
quebrar;
caso 2:
inserir_último();
quebrar;
caso 3:
inserir_aleatório();
quebrar;
caso 4:
delete_beg();
quebrar;
caso 5:
excluir_último();
quebrar;
caso 6:
delete_random();
quebrar;
```

```c
caso 7:
encontrar();
quebrar;
caso 8:
disp();
quebrar;
caso 9:
saída(0);
quebrar;
padrão:
printf("Por favor insira uma opção válida..");
}
}
}
vazio insert_beg()
{
estrutura nodeSLL *ponteiro;
elemento interno;
ponteiro = (struct nodeSLL *) malloc(sizeof(struct nodeSLL *));
if(ponteiro == NULO)
{
printf("\nOVERFLOW");
}
outro
{
printf("\nInsira o valor do nó a ser inserido\n");
scanf("%d",&elemento);
ponteiro->dados = elemento;
ponteiro->link = início;
início = ponteiro;
printf("\nNó de lista vinculada individualmente inserido");
}
}
vazio insert_last()
{
struct nodeSLL *ponteiro,*temp;
elemento interno;
ponteiro = (struct nodeSLL*)malloc(sizeof(struct nodeSLL));
if(ponteiro == NULO)
```

```c
{
printf("\nOVERFLOW");
}
outro
{
printf("\nDigite o valor?\n");
scanf("%d",&elemento);
ponteiro->dados = elemento;
if(início == NULO)
{
ponteiro -> link = NULL;
início = ponteiro;
printf("\nNó de lista vinculada individualmente inserido");
}
outro
{
temperatura = início;
while (temperatura -> link! = NULO)
{
temp = temp -> ligação;
}
temp->link = ponteiro;
ponteiro->link = NULL;
printf("\nNó de lista vinculada individualmente inserido");
}
}
}
vazio insert_random()
{
int i,localização,elemento;
estrutura nodeSLL *ponteiro, *temp;
ponteiro = (struct nodeSLL *) malloc (sizeof(struct nodeSLL));
if(ponteiro == NULO)
{
printf("\nOVERFLOW");
}
outro
{
printf("\nInsira o elemento a ser inserido");
```

```c
scanf("%d",&elemento);
ponteiro->dados = elemento;
printf("\nInsira o local após o qual deseja inserir ");
scanf("\n%d",&localização);
temp=início;
for(i=0;i<localização;i++)
{
temp = temp->ligação;
if(temp == NULO)
{
printf("\nnão pode ser inserido\n");
retornar;
}
}
ponteiro ->link = temp ->link;
temp ->link = ponteiro;
printf("\nNó da lista vinculada individualmente inserido");
}
}
vazio delete_beg()
{
estrutura nodeSLL *ponteiro;
if(início == NULO)
{
printf("\nLista vazia\n");
}
outro
{
ponteiro = início;
iniciar = ponteiro->link;
grátis(ponteiro);
printf("\nO nó da lista vinculada individualmente é excluído desde o início
...\n");
}
}
vazio delete_last()
{
estrutura nodeSLL *ponteiro,*ponteiro1;
if(início == NULO)
```

```c
{
printf("\nLista Vazia");
}
senão if(iniciar -> link == NULL)
{
início = NULO;
grátis(iniciar);
printf("\nO nó da lista vinculada individualmente foi excluído do último.\n");
}
outro
{
ponteiro = início;
while (ponteiro-> link! = NULL)
{
ponteiro1 = ponteiro;
ponteiro = ponteiro -> link;
}
ponteiro1->link = NULL;
grátis(ponteiro);
printf("\nNó excluído da lista vinculada individualmente do último.\n");
}
}
vazio delete_random()
{
estrutura nodeSLL *ponteiro,*ponteiro1;
localização interna,i;
printf("Insira a localização do nó após o qual deseja realizar a exclusão \n");
scanf("%d",&localização);
ponteiro = início;
for(i=0;i<localização;i++)
{
ponteiro1 = ponteiro;
ponteiro = ponteiro->link;
if(ponteiro == NULO)
{
printf("\nNão pode ser excluído");
retornar;
}
}
```

```c
ponteiro1 ->link = ponteiro ->link;
grátis(ponteiro);
printf("\nNó excluído da lista vinculada individualmente %d ",local+1);
}
encontrar vazio ()
{
estrutura nodeSLL *ponteiro;
elemento int, i=0, sinalizador;
ponteiro = início;
if(ponteiro == NULO)
{
printf("\nLista vazia\n");
}
outro
{
printf("\nInsira o elemento que deseja pesquisar?\n");
scanf("%d",&elemento);
enquanto (ponteiro! = NULO)
{
if(ponteiro->dados == elemento)
{
printf("Elemento encontrado no local %d ",i+1);
sinalizador=0;
}
outro
{
sinalizador=1;
}
eu++;
ponteiro = ponteiro -> link;
}
se(sinalizador==1)
{
printf("Elemento não encontrado\n");
}
}
}
void disp()
{
```

```c
estrutura nodeSLL *ponteiro;
ponteiro = início;
if(ponteiro == NULO)
{
printf("Lista Vazia");
}
outro
{ printf("\nOs valores dos nós da lista vinculada são        \n");
enquanto (ponteiro! = NULO)
{
printf("\n%d",ponteiro->dados);
ponteiro = ponteiro -> link;
}
}
}
```

SAÍDA

Pressione 1 para Inserir no início 2 para Inserir no último 3 para Inserir em local aleatório 4 para Excluir do início 5 para Excluir do último 6 para Excluir no local aleatório 7 para Pesquisar 8 para Mostrar 9 para Sair Digite sua escolha?

1

Insira o valor do nó a ser inserido

15

Nó da lista vinculada individualmente inserida

Pressione 1 para Inserir no início 2 para Inserir no último 3 para Inserir em local aleatório 4 para Excluir do início 5 para Excluir do último 6 para Excluir no local aleatório 7 para Pesquisar 8 para Mostrar 9 para Sair Digite sua escolha?

2

Digite o valor?

25

Nó da lista vinculada individualmente inserida

Pressione 1 para Inserir no início 2 para Inserir no último 3 para Inserir em local aleatório 4 para Excluir do início 5 para Excluir do último 6 para Excluir no local aleatório 7 para Pesquisar 8 para Mostrar 9 para Sair Digite sua escolha?

3

Insira o elemento a ser inserido 10

Insira o local após o qual deseja inserir 1

Nó da lista vinculada individualmente inserida

Pressione 1 para Inserir no início 2 para Inserir no último 3 para Inserir em local aleatório 4 para Excluir do início 5 para Excluir do último 6 para Excluir no local aleatório 7 para Pesquisar 8 para Mostrar 9 para Sair Digite sua escolha?

8

Os valores dos nós da lista vinculada são

15

25

10

2.3.2Lista Duplamente Vinculada

Uma lista vinculada bidirecional é uma forma mais complicada de lista vinculada que inclui um ponteiro apontando para o próximo nó, bem como para o nó anterior. Como resultado, existem três partes: dados, um ponteiro para o próximo nó e um ponteiro para o nó anterior.

Em C, a estrutura de uma lista duplamente vinculada pode ser dada como

structnodeDLL

```
{
StructnodeDLL*anterior;
item interno;
structnodeDLL*próximo;
};
```

NULL é colocado no campo PREV do primeiro nó e no campo NEXT do último nó. O parâmetro PREV é usado para armazenar o endereço do nó anterior, permitindo-nos percorrer a lista de trás para frente. Dois ponteiros fornecem deslocamento bidirecional. A pesquisa para frente e para trás na lista tem muitos aplicativos. Por exemplo, pesquisar um nome em uma lista telefônica requer uma região inteira da lista para avançar e retroceder. A Figura 2.10 mostra a estrutura lógica da lista duplamente vinculada.

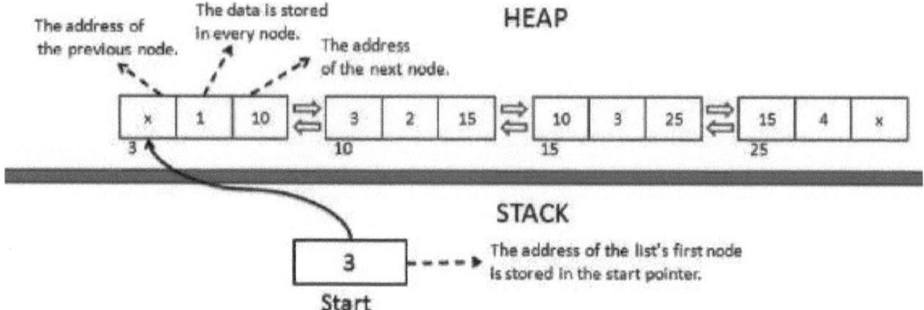

Figura 2.10 Representação de lista duplamente vinculada

O início de uma lista duplamente vinculada é indicado pelo ponteiro "início", que vincula ao primeiro nó. O link esquerdo do primeiro nó e o link direito do último nó são definidos como NULL. As operações básicas na lista duplamente vinculada são:

- Criação.
- Inserção.
- Eliminação.
- Atravessando.

a) Criação de lista duplamente vinculada

O desenvolvimento do nó gera a ordem duplamente vinculada. Deve haver memória suficiente para criar um nó. Na memória, as informações são salvas.

b) Inserindo um nó no início: A inserção no início da lista duplamente vinculada pode ser feita de forma semelhante a uma lista simples. A única sobrecarga extra é manter o link anterior do primeiro nó. A Figura 2.11 mostra a inserção onde o link anterior do primeiro nó aponta para o nó a ser inserido e o próximo link do nó a ser inserido aponta para o primeiro nó da lista e o valor inicial é atualizado com o endereço do nó a ser inserido .

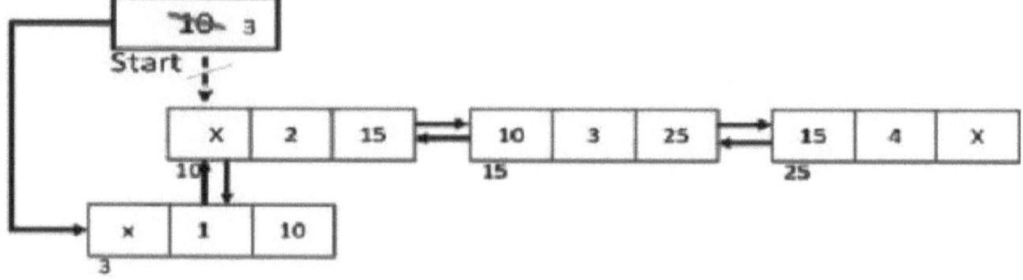

Figura 2.11 Inserindo um nó no início de uma lista duplamente vinculada

c) Inserindo nó no final: A última inserção na lista duplamente vinculada é feita atualizando o próximo do último nó NULL para o nó a ser inserido e o

30

anterior do nó a ser inserido para o último nó e o próximo do nó a ser inserido aponta para NULO. A Figura 2.12 mostra todo o procedimento de atualização da última inserção.

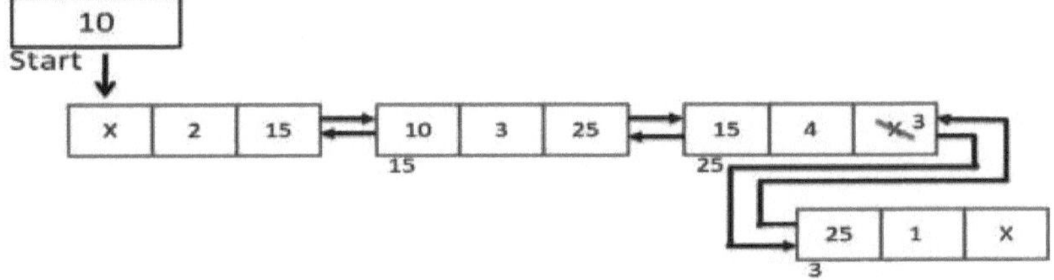

Figura 2.12 Inserindo nó no final da lista duplamente vinculada

d) Inserindo um nó em uma posição intermediária : A inserção de um nó em qualquer local específico é o mesmo que a inserção do local específico de uma lista vinculada individualmente, conforme mostrado na Figura 2.13.

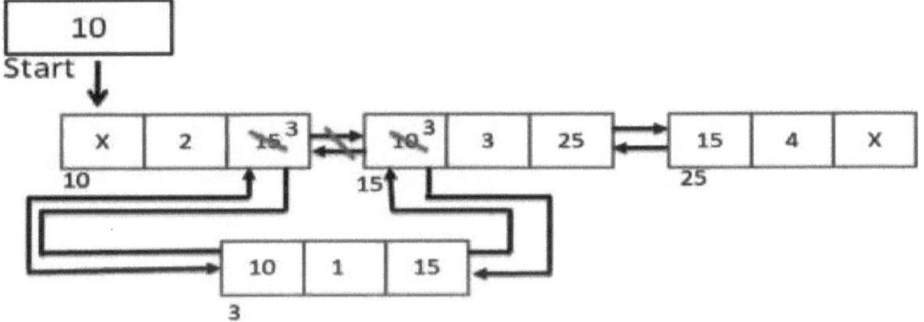

Figura 2.13 Inserindo um nó em uma posição intermediária

e) Excluindo um nó no início: A Figura 2.14 mostra a exclusão de um nó da lista duplamente vinculada. É semelhante à exclusão feita por uma lista vinculada individualmente.

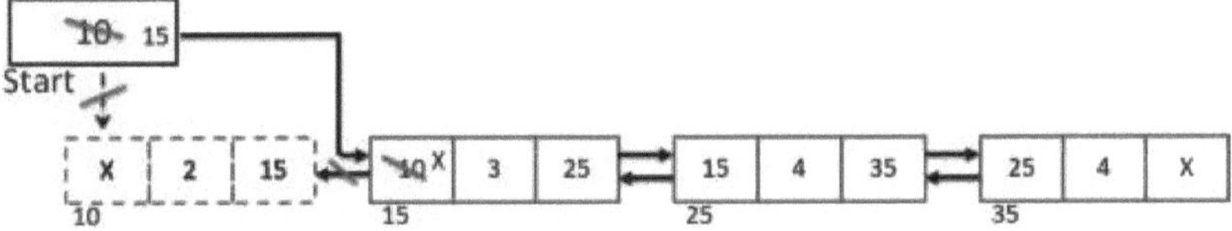

Figura 2.14 Excluindo um nó no início

f) Excluindo um nó no final: A Figura 2.15 mostra a exclusão do nó no final da lista duplamente vinculada. Isso pode ser feito colocando o Nulo no próximo ponteiro do penúltimo elemento.

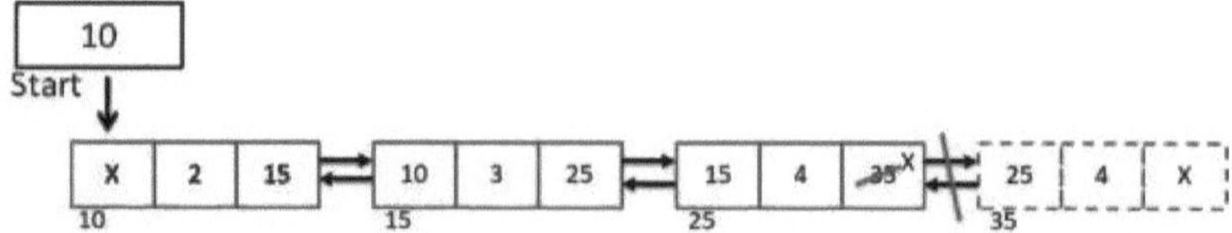

Figura 2.15 Excluindo um nó no final

g) Percurso e exibição de uma lista:

O nó deve ser passado do primeiro ao último nó da lista. A travessia do método disp() é usada para ir da esquerda para a direita nas informações da lista.

O Programa 2.2 mostra a implementação das diversas operações discutidas acima da lista duplamente vinculada. De acordo com a necessidade do usuário, todas as operações são implementadas em funções separadas e chamadas a partir da função principal.

Programa 2.2: Um programa básico para demonstrar a Lista Duplamente Vinculada ---

```c
#include<stdio.h>
#include<stdlib.h>
estrutura nodeDLL
{
struct nodeDLL *anterior;
estrutura nodeDLL *próximo;
informações internas;
};
estrutura nodeDLL *start;
void insert_beginning();
void insert_last();
void insert_specified();
void delete_beginning();
void delete_last();
void delete_specified();
void disp();
void encontrar();
vazio principal ()
{
opção interna =0;
enquanto (opção! = 9)
{
printf("\nEscolha uma opção da lista a seguir ...1.Inserir no início 2.Inserir no
```

```c
último 3.Inserir em qualquer local 4.Excluir do início 5.Excluir do último
6.Excluir o nó após o nó fornecido 7 .Pesquisar 8.Mostrar 9.SairInsira sua
opção?\n");
scanf("\n%d",&opção);
mudar (opção)
{
caso 1:
insert_beginning();
quebrar;
caso 2:
inserir_último();
quebrar;
caso 3:
inserir_especificado();
quebrar;
caso 4:
delete_beginning();
quebrar;
caso 5:
excluir_último();
quebrar;
caso 6:
delete_specified();
quebrar;
caso 7:
encontrar();
quebrar;
caso 8:
disp();
quebrar;
caso 9:
saída(0);
quebrar;
padrão:
printf("Digite uma opção válida..");
}
}
}
vazio insert_beginning()
```

```c
{
struct nodeDLL *ponteiro;
elemento interno;
ponteiro = (struct nodeDLL *) mallocação (sizeof(struct nodeDLL));
if(ponteiro == NULO)
{
printf("\nOVERFLOW");
}
outro
{
printf("\nInsira o valor do elemento");
scanf("%d",&elemento);
if(início==NULO)
{
ponteiro->próximo = NULL;
ponteiro->anterior=NULL;
ponteiro->info=elemento;
início=ponteiro;
}
outro
{
ponteiro->info=elemento;
ponteiro->anterior=NULL;
ponteiro->próximo = início;
início->anterior=ponteiro;
início=ponteiro;
}
printf("\n nó da Lista Duplamente Vinculada inserido\n");
}
}
vazio insert_last()
{
struct nodeDLL *ponteiro,*temp;
elemento interno;
ponteiro = (struct nodeDLL *) mallocação(sizeof(struct nodeDLL));
if(ponteiro == NULO)
{
printf("\nOVERFLOW");
}
```

```c
outro
{
printf("\nDigite o valor");
scanf("%d",&elemento);
ponteiro->info=elemento;
if(início == NULO)
{
ponteiro->próximo = NULL;
ponteiro->anterior = NULL;
início = ponteiro;
}
outro
{
temperatura = início;
while(temp->próximo!=NULL)
{
temp = temp->próximo;
}
temp->próximo = ponteiro;
ponteiro ->anterior=temp;
ponteiro->próximo = NULL;
}
}
printf("\n nó da Lista Duplamente Vinculada inserido\n");
}
vazio insert_specified()
{
struct nodeDLL *ponteiro,*temp;
elemento interno,localização,i;
ponteiro = (struct nodeDLL *) mallocação (sizeof(struct nodeDLL));
if(ponteiro == NULO)
{
printf("\n EXCESSOR");
}
outro
{
temp=início;
printf("Insira o local após o qual o nó será inserido");
scanf("%d",&localização);
```

```c
for(i=0;i<localização;i++)
{
temp = temp->próximo;
if(temp == NULO)
{
printf("\n Existem menos de %d elementos", location);
retornar;
}
}
printf("Digite o valor");
scanf("%d",&elemento);
ponteiro->info = elemento;
ponteiro->próximo = temp->próximo;
ponteiro -> anterior = temp;
temp->próximo = ponteiro;
temp->próximo->anterior=ponteiro;
printf("\n nó da Lista Duplamente Vinculada inserido\n");
}
}
void delete_beginning()
{
struct nodeDLL *ponteiro;
if(início == NULO)
{
printf("\n UNDERFLOW");
}
senão if(iniciar->próximo == NULL)
{
início = NULO;
grátis(iniciar);
printf("\n nó da lista duplamente vinculada excluído\n");
}
outro
{
ponteiro = início;
início = início -> próximo;
iniciar -> anterior = NULL;
grátis(ponteiro);
printf("\n nó da lista duplamente vinculada excluído\n");
```

```c
}
}
vazio delete_last()
{
struct nodeDLL *ponteiro;
if(início == NULO)
{
printf("\n UNDERFLOW");
}
senão if(iniciar->próximo == NULL)
{
início = NULO;
grátis(iniciar);
printf("\n nó da lista duplamente vinculada excluído\n");
}
outro
{
ponteiro = início;
if (ponteiro-> próximo! = NULO)
{
ponteiro = ponteiro -> próximo;
}
ponteiro -> anterior -> próximo = NULL;
grátis(ponteiro);
printf("\n nó da lista duplamente vinculada excluído\n");
}
}
vazio delete_specified()
{
struct nodeDLL *ponteiro, *temp;
valor interno;
printf("\n Insira as informações após as quais o nó será excluído: ");
scanf("%d", &val);
ponteiro = início;
while (ponteiro -> informações! = val)
ponteiro = ponteiro -> próximo;
if(ponteiro -> próximo == NULO)
{
printf("\nNão é possível excluir\n");
```

```c
}
senão if(ponteiro -> próximo -> próximo == NULL)
{
ponteiro -> próximo = NULL;
}
outro
{
temp = ponteiro -> próximo;
ponteiro -> próximo = temp -> próximo;
temp -> próximo -> anterior = ponteiro;
grátis(temperatura);
printf("\n nó da lista duplamente vinculada excluído\n");
}
}
void disp()
{
struct nodeDLL *ponteiro;
printf("\n O nó da lista duplamente vinculada é impresso...\n");
ponteiro = início;
enquanto (ponteiro! = NULO)
{
printf("%d\n",ponteiro->informações);
ponteiro=ponteiro->próximo;
}
}
pesquisa nula()
{
struct nodeDLL *ponteiro;
elemento int,i=0,flag;
ponteiro = início;
if(ponteiro == NULO)
{
printf("\nLista vazia\n");
}
outro
{
printf("\nInsira o elemento que deseja pesquisar?\n");
scanf("%d",&elemento);
enquanto (ponteiro! = NULO)
```

```c
{
if(ponteiro->info == elemento)
{
printf("\elemento encontrado no local %d ",i+1);
sinalizador=0;
quebrar;
} else { bandeira=1;
}
eu++;
ponteiro = ponteiro -> próximo;
}
se(sinalizador==1)
{
printf("\nElemento não encontrado\n");
}
}
}
```

SAÍDA

Escolha uma opção da lista a seguir ...1.Inserir no início 2.Inserir no último 3.Inserir em qualquer local 4.Excluir do início 5.Excluir do último 6.Excluir o nó após o nó fornecido 7.Pesquisar 8. Mostrar 9.SairInsira sua opção?

1

Insira o valor do elemento 12

Nó da lista duplamente vinculada inserido

Escolha uma opção da lista a seguir ...1.Inserir no início 2.Inserir no último 3.Inserir em qualquer local 4.Excluir do início 5.Excluir do último 6.Excluir o nó após o nó fornecido 7.Pesquisar 8. Mostrar 9.SairInsira sua opção?

1

Insira o valor do elemento 123

Nó da lista duplamente vinculada inserido

Escolha uma opção da lista a seguir ...1.Inserir no início 2.Inserir no último 3.Inserir em qualquer local 4.Excluir do início 5.Excluir do último 6.Excluir o nó após o nó fornecido 7.Pesquisar 8. Mostrar 9.SairInsira sua opção?

4

nó da lista duplamente vinculada excluído

Escolha uma opção da lista a seguir ...1.Inserir no início 2.Inserir no último 3.Inserir em qualquer local 4.Excluir do início 5.Excluir do último 6.Excluir o nó após o nó fornecido 7.Pesquisar 8. Mostrar 9.SairInsira sua opção?

39

2.3.3Lista Circular Vinculada

O último nó de uma lista vinculada circular contém uma referência ao primeiro nó da lista vinculada circular. Podemos começar em qualquer nó e avançar pela lista circular vinculada até chegar ao mesmo nó. Como consequência, não há começo nem fim para uma lista circular vinculada. Esta é apenas uma lista com um link onde o campo final do link do nó chega ao primeiro nó. Não há início nem fim para a lista vinculada circular. Um ponto único, é necessário construir um ponteiro inicial que sempre exiba o primeiro nó da lista. Listas vinculadas circulares são frequentemente usadas em vez de listas vinculadas padrão, uma vez que muitas atividades são muito mais fáceis de implementar. Nenhum ponteiro nulo é utilizado na lista vinculada circular; portanto, todos os pontos têm um endereço válido. A Figura 2.16 mostra a arquitetura lógica da lista vinculada circular, que consiste em 3 nós: O primeiro nó armazena no local 10 e aponta para o próximo local de memória 25, que contém 15 na parte de dados. O último endereço do nó é 3, a parte dos dados é 25 e o link aponta para NULL.

Começar

10

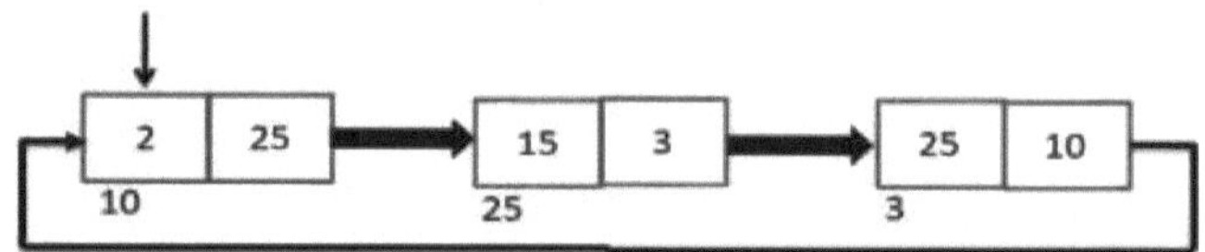

Figura 2.16 Representação de listas circulares

lista circular vinculada única de operações básicas:

* Criação.
* Inserção.
* Eliminação.
* Atravessando

a) Inserindo um nó no início

Esta seção demonstrará como modificar uma lista vinculada existente adicionando um novo nó. A Figura 2.17 mostra a adição do nó no início da lista vinculada circular. Neste cenário, o nó inicial atualiza o endereço apontador para o endereço de um novo nó e o ponteiro do último nó aponta para o novo nó.

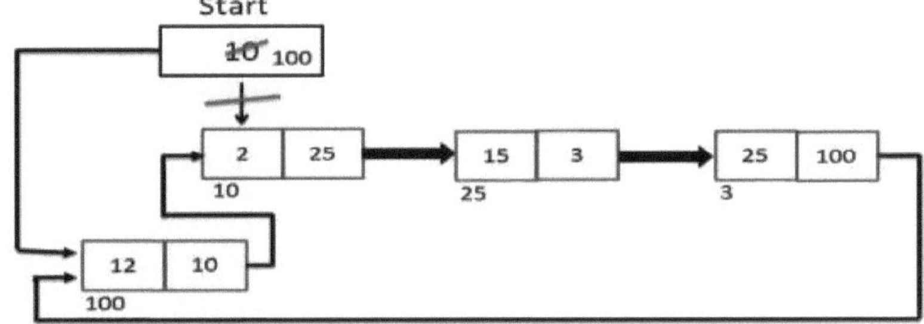

Figura 2.17 Adicionar um nó ao início da lista vinculada circular

b) Inserindo um nó no final: A Figura 2.18 mostra a inserção do novo nó no final da lista ligada circular. Aqui, o ponteiro do novo nó aponta para o primeiro nó da lista vinculada circular, e o último nó da lista vinculada circular aponta para o novo nó.

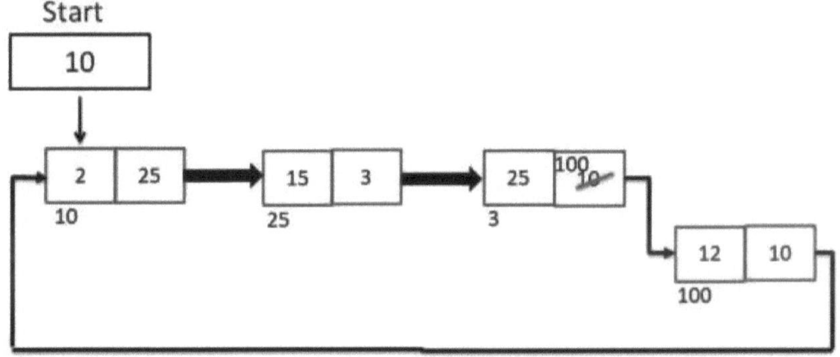

Figura 2.18 Inserindo um nó no final da lista vinculada circular

c) Excluindo um nó desde o início

Esta seção ensinará como excluir um nó de uma lista vinculada circular existente. A Figura 2.19 mostra como remover um nó do início da lista vinculada circular. Todo o processo é muito semelhante à exclusão de uma lista vinculada individualmente.

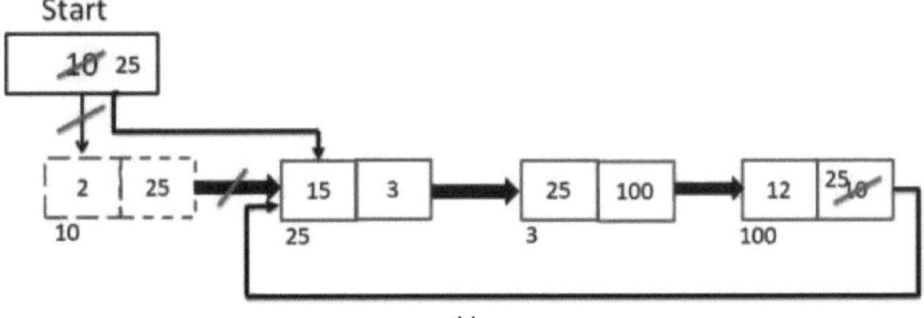

Figura 2.19 Excluindo um nó no início da lista vinculada circular

d) Excluindo um nó no final: A Figura 2.20 mostra a exclusão do nó no final da lista vinculada circular.

O Programa 2.3 mostra a implementação da lista vinculada circular. É um programa baseado em menus onde podemos escolher a função ou operação que queremos realizar.

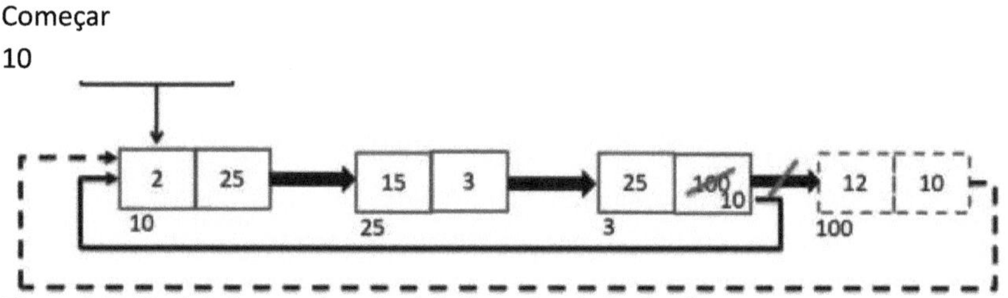

Começar

10

Figura 2.20 Excluindo um nó no final da lista vinculada circular

Programa 2.3: Um programa introdutório para demonstrar a Lista Circular Vinculada.--

```
#include<stdio.h>
#include<stdlib.h>
estrutura nodeCLL
{
dados internos;
estrutura nodeCLL *link;
};
estrutura nodeCLL *start;
void insert_beginning();
void insert_last();
void delete_beginning();
void delete_last();
void disp();
void encontrar();
vazio principal ()
{
opção interna =0;
enquanto (opção! = 7)
{
printf("\nEscolha uma opção da lista a seguir... 1.Inserir no início 2.Inserir no final 3.Excluir do início 4.Excluir do último 5.Procurar um elemento 6.Mostrar 7.SairInsira sua opção?\ n");
```

```c
scanf("\n%d",&opção);
mudar (opção)
{
caso 1:
insert_beginning();
quebrar;
caso 2:
inserir_último();
quebrar;
caso 3:
delete_beginning();
quebrar;
caso 4:
excluir_último();
quebrar;
caso 5:
encontrar();
quebrar;
caso 6:
disp();
quebrar;
caso 7:
saída(0);
quebrar;
padrão:
printf("Digite uma opção válida..");
}
}
}
vazio insert_beginning()
{
estrutura nodeCLL *ponteiro,*temp;
elemento interno;
ponteiro = (struct nodeCLL *)malloc(sizeof(struct nodeCLL));
if(ponteiro == NULO)
{
printf("\nOVERFLOW");
}
outro
```

```c
{
printf("\nInsira o nó dos dados da Lista Vinculada Circular?");
scanf("%d",&elemento);
ponteiro -> dados = elemento;
if(início == NULO)
{
início = ponteiro;
ponteiro -> link = início;
}
outro
{
temperatura = início;
while(temp->link!=iniciar)
temp = temp->ligação;
ponteiro->link = início;
temp -> link = ponteiro;
início = ponteiro;
}
printf("\nnó da Lista Circular Vinculada inserido\n");
}
}
vazio insert_last()
{
estrutura nodeCLL *ponteiro,*temp;
elemento interno;
ponteiro = (struct nodeCLL *)malloc(sizeof(struct nodeCLL));
if(ponteiro == NULO)
{
printf("\nOVERFLOW\n");
}
outro
{
printf("\nInsira os dados?");
scanf("%d",&elemento);
ponteiro->dados = elemento;
if(início == NULO)
{
início = ponteiro;
ponteiro -> link = início;
```

```c
}
outro
{
temperatura = início;
while(temperatura -> link! = início)
{
temp = temp -> ligação;
}
temp -> link = ponteiro;
ponteiro -> link = início;
}
printf("\nnó da Lista Circular Vinculada inserido\n");
}
}
void delete_beginning()
{
estrutura nodeCLL *ponteiro;
if(início == NULO)
{
printf("\nUNDERFLOW");
}
senão if(iniciar->link == iniciar)
{
início = NULO;
grátis(iniciar);
printf("\nnó da Lista Circular Vinculada excluído\n");
}
outro
{ponteiro = início;
while(ponteiro -> link! = início)
ponteiro = ponteiro -> link;
ponteiro->link = iniciar->link;
grátis(iniciar);
iniciar = ponteiro->link;
printf("\nnó da Lista Circular Vinculada excluído\n");
}
}
vazio delete_last()
{
```

```c
struct nodeCLL *pointer, *prepointer;
if(início==NULO)
{
printf("\nUNDERFLOW");
}
senão if (iniciar ->link == iniciar)
{
início = NULO;
grátis(iniciar);
printf("\nnó da Lista Circular Vinculada excluído\n");
}
outro
{
ponteiro = início;
while (ponteiro -> link! = início)
{
pré-ponteiro=ponteiro;
ponteiro = ponteiro->link;
}
prepointer->link = ponteiro -> link;
grátis(ponteiro);
printf("\nnó da Lista Circular Vinculada excluído\n");
}
}
void encontrar ()
{
estrutura nodeCLL *ponteiro;
elemento interno,i=0,flag=1;
ponteiro = início;
if(ponteiro == NULO)
{
printf("\nLista vazia\n");
}
outro
{
printf("\nInsira o elemento que deseja pesquisar?\n");
scanf("%d",&elemento);
if(iniciar ->dados == elemento)
{
```

```c
printf("elemento encontrado no local %d",i+1);
sinalizador=0;
}
outro
{
while (ponteiro-> link! = início)
{
if(ponteiro->dados == elemento)
{
printf("elemento encontrado no local %d ",i+1);
sinalizador=0;
quebrar;
}
outro
{
sinalizador=1;
}
eu++;
ponteiro = ponteiro -> link;
}
}
se (sinalizador! = 0)
{
printf("Elemento não encontrado\n");
}
}
}
void disp()
{
estrutura nodeCLL *ponteiro;
ponteiro = início;
if(início == NULO)
{
printf("\nnada para imprimir");
}
outro
{
printf("\n imprimindo valores da lista vinculada circular ... \n");
while(ponteiro -> link! = início)
```

```
{
printf("%d\n", ponteiro -> dados);
ponteiro = ponteiro -> link;
}
printf("%d\n", ponteiro -> dados);
}
}
```

SAÍDA

Escolha uma opção da lista a seguir... 1.Inserir no início 2.Inserir no final 3.Excluir do início 4.Excluir do último 5.Procurar um elemento 6.Mostrar 7.Sair Insira sua opção?

1

Insira o nó da Lista Vinculada Circular10

nó da lista vinculada circular inserido

2.3.4Lista Duplamente Circular Vinculada

Uma lista vinculada duplamente circular é uma lista vinculada mais complicada que faz referência em ambas as direções e, do início ao início, uma lista vinculada bidirecional. A diferenciação entre a lista duplamente encadeada e a lista duplamente encadeada circular é a mesma que entre uma lista encadeada simples e uma lista encadeada circular. A lista vinculada duplamente circular não inclui NULL nas áreas anteriores e seguintes do primeiro e final nós. Em vez disso, o próximo campo do nó final consiste no endereço do nó inicial da lista. O objetivo é permitir que listas circulares conectadas sejam inseridas e excluídas em uma lista duplamente vinculada. Uma representação lógica da lista vinculada duplamente circular é mostrada na Figura 2.21.

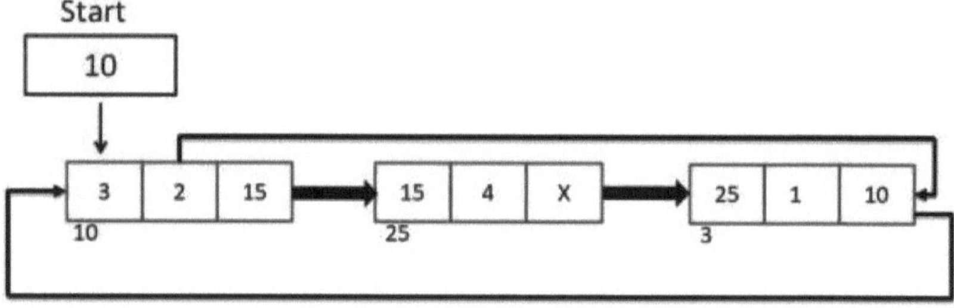

Figura 2.21 Representação de lista circular duplamente vinculada

Criando lista vinculada duplamente circular para "n" vários nós. As seguintes operações básicas são necessárias:

* Criação.

- Inserção.
- Eliminação.
- Atravessando

a) Inserindo um novo nó em uma lista vinculada duplamente circular:

Esta seção ilustrará como adicionar um novo nó a uma lista circular duplamente vinculada que já existe. Analisaremos dois cenários e depois veremos como ocorre a inserção em cada um. Os restantes casos são idênticos aos apresentados anteriormente em relação às listas duplamente ligadas.

Case 1: Um novo nó é adicionado no início da lista.

Case 2: O novo nó é adicionado no final da lista.

1) Inserindo um nó no início: A Figura 2.22 mostra como ocorre a inserção do novo nó na lista encadeada duplamente circular.

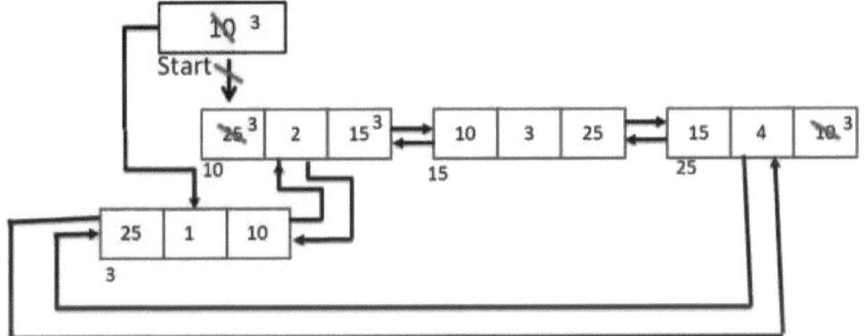

Figura 2.22 Inserindo um nó no início de uma lista vinculada duplamente circular

2) Inserindo um nó no final: A Figura 2.23 mostra a inserção do nó no final da lista vinculada duplamente circular.

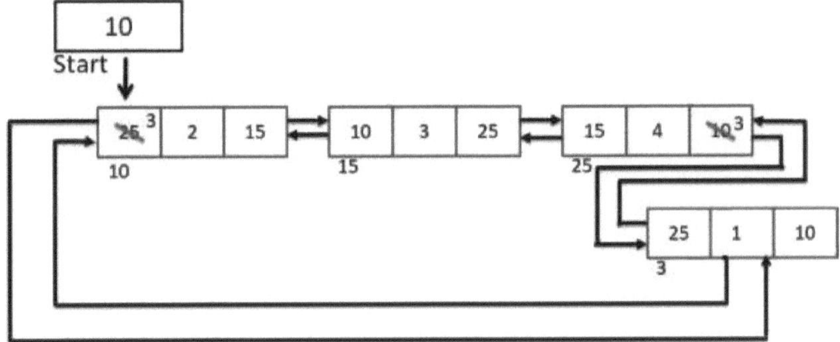

Figura 2.23 Inserindo um nó no final da lista vinculada duplamente circular.

b) Excluindo um nó de uma lista vinculada duplamente circular:

Nesta seção, veremos como remover um nó de uma lista vinculada duplamente circular. Serão examinados dois casos, e o restante dos cenários são idênticos aos discutidos anteriormente em relação às listas duplamente encadeadas. No primeiro caso, o primeiro nó é eliminado. O nó final é eliminado no caso 2.

1)   Excluindo um nó no início: A Figura 2.24 mostra as alterações feitas ao excluir o nó do início da lista vinculada duplamente circular.

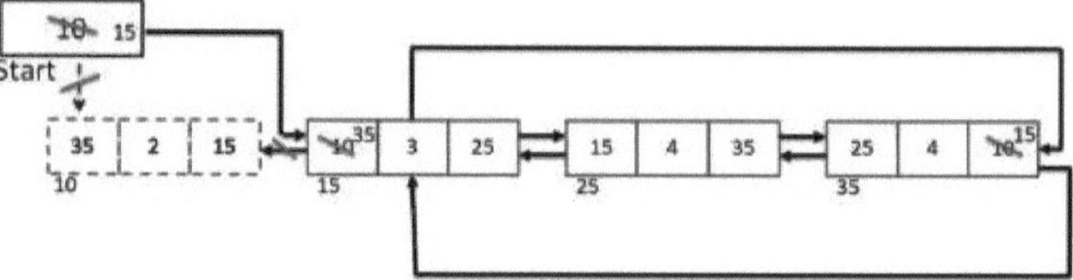

Figura 2.24 Excluindo um nó no início

2)   Excluindo um nó no final: A Figura 2.25 mostra a exclusão do nó do último nó da lista vinculada duplamente circular.

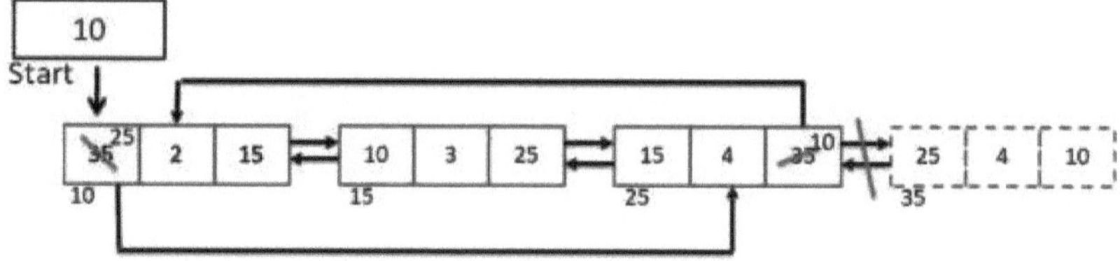

Figura 2.25 Excluindo um nó no final

O Programa 2.4 mostra a implementação das diversas operações da lista vinculada duplamente circular.

Programa 2.4: Um programa introdutório para demonstrar a Lista Duplamente Circular Vinculada.

#include<stdio.h>
#include<stdlib.h>
nó de estruturaDCLL
{
estrutura nodeDCLL *anterior;
estrutura nodeDCLL *próximo;
elemento interno;
};
estrutura nodeDCLL *start;
void insert_beginning();
void insert_last();
void delete_beginning();
void delete_last();
void disp();

```c
void encontrar();
vazio principal ()
{
opção interna =0;
enquanto (opção! = 9)
{
printf("\nEscolha uma opção da lista a seguir... 1.Inserir no início 2.Inserir no último 3.Excluir do início 4.Excluir do último 5.Encontrar 6.Mostrar 7.SairInsira sua opção?\n") ;
scanf("\n%d",&opção);
mudar (opção)
{
caso 1:
insert_beginning();
quebrar;
caso 2:
inserir_último();
quebrar;
caso 3:
delete_beginning();
quebrar;
caso 4:
excluir_último();
quebrar;
caso 5:
encontrar();
quebrar;
caso 6:
disp();
quebrar;
caso 7:
saída(0);
quebrar;
padrão:
printf("Digite uma opção válida..");
}
}
}
vazio insert_beginning()
```

```c
{
estrutura nodeDCLL *ponteiro,*temp;
item interno;
ponteiro = (struct nodeDCLL *)malloc(sizeof(struct nodeDCLL));
if(ponteiro == NULO)
{
printf("\nOVERFLOW");
}
outro
{
printf("\nInsira o valor do item");
scanf("%d",&item);
ponteiro->elemento=item;
if(início==NULO)
{
início = ponteiro;
ponteiro -> próximo = início;
ponteiro -> anterior = início;
}
outro
{
temperatura = início;
while(temperatura -> próximo! = início)
{
temp = temp -> próximo;
}
temp -> próximo = ponteiro;
ponteiro -> anterior = temp;
iniciar -> anterior = ponteiro;
ponteiro -> próximo = início;
início = ponteiro;
}
printf("\nNó da Lista Duplamente Circular Vinculada inserido\n");
}
}
vazio insert_last()
{
estrutura nodeDCLL *ponteiro,*temp;
item interno;
```

```c
ponteiro = (struct nodeDCLL *) malloc(sizeof(struct nodeDCLL));
if(ponteiro == NULO)
{
printf("\nOVERFLOW");
}
outro
{
printf("\nDigite o valor");
scanf("%d",&item);
ponteiro->elemento=item;
if(início == NULO)
{
início = ponteiro;
ponteiro -> próximo = início;
ponteiro -> anterior = início;
}
outro
{
temperatura = início;
while(temp->próximo!=iniciar)
{
temp = temp->próximo;
}
temp->próximo = ponteiro;
ponteiro ->anterior=temp;
iniciar -> anterior = ponteiro;
ponteiro -> próximo = início;
}
}
printf("\nnó da Lista Duplamente Circular Vinculada inserido\n");
}
void delete_beginning()
{
estrutura nodeDCLL *temp;
if(início == NULO)
{
printf("\n UNDERFLOW");
}
senão if(início->próximo == início)
```

```c
{
início = NULO;
grátis(iniciar);
printf("\nnó da lista vinculada duplamente circular excluída\n");
}
outro
{
temperatura = início;
while(temperatura -> próximo! = início)
{
temp = temp -> próximo;
}
temp -> próximo = início -> próximo;
iniciar -> próximo -> anterior = temp;
grátis(iniciar);
início = temp -> próximo;
}
}
vazio delete_last()
{
estrutura nodeDCLL *ponteiro;
if(início == NULO)
{
printf("\n UNDERFLOW");
}
senão if(início->próximo == início)
{
início = NULO;
grátis(iniciar);
printf("\nnó da lista vinculada duplamente circular excluída\n");
}
outro
{
ponteiro = início;
if(ponteiro->próximo!=início)
{
ponteiro = ponteiro -> próximo;
}
ponteiro -> anterior -> próximo = início;
```

```c
início -> anterior = ponteiro -> anterior;
grátis(ponteiro);
printf("\nnó da lista vinculada duplamente circular excluída\n");
}
}
void disp()
{
estrutura nodeDCLL *ponteiro;
ponteiro = início;
if(início == NULO)
{
printf("\nnada para imprimir");
}
outro
{
printf("\n imprimindo os valores dos nós da DCLL... \n");
while(ponteiro -> próximo! = início)
{
printf("%d\n", ponteiro -> elemento);
ponteiro = ponteiro -> próximo;
}
printf("%d\n", ponteiro -> elemento);
}
}
void encontrar ()
{
estrutura nodeDCLL *ponteiro;
item interno,i=0,flag=1;
ponteiro = início;
if(ponteiro == NULO)
{
printf("\nLista vazia\n");
}
outro
{
printf("\nInsira o elemento que deseja encontrar?\n");
scanf("%d",&item);
if(iniciar ->elemento == item)
{
```

```
printf("elemento encontrado no local %d",i+1);
sinalizador=0;
}
outro
{
while (ponteiro-> próximo! = início)
{
if(ponteiro->elemento == item)
{
printf("elemento encontrado no local %d ",i+1);
sinalizador=0;
quebrar;
} senão { bandeira=1;
}
eu++;
ponteiro = ponteiro -> próximo;
}
}
se (sinalizador! = 0)
{
printf("Elemento não encontrado\n");
}
}
}
```

SAÍDA

Escolha uma opção da lista a seguir... 1.Inserir no início 2.Inserir no último 3.Excluir do início 4.Excluir do último 5.Encontrar 6.Mostrar 7.SairInsira sua opção?
1
Insira o valor do item 10
nó da lista vinculada duplamente circular inserida

2.4Aplicação da Lista Vinculada

• Para representar e manipular listas vinculadas polinomiais são utilizadas. Coeficientes diferentes de zero ou polinômios de expoentes são termos. Exemplo:

$$P(x) = a0\ Xn + a1\ Xn\text{-}1\ n\text{-}1\ X + an\ 2$$

- Represente números muito grandes e operações com números massivos, por exemplo, adicionando, multiplicando e dividindo.
- Pilha, fila, árvores e gráficos devem ser implementados usando listas vinculadas.
- Na construção do compilador para a implementação da tabela de símbolos.

CAPÍTULO 3

PILHAS

3.1 Introdução da pilha

A pilha é um tipo de dados abstrato que contém os itens linearmente de maneira ordenada. Ele usa o conceito de LIFO, significa que o elemento inserido por último será excluído primeiro. Uma pilha é um tipo particular de estrutura de dados onde um elemento pode ser inserido e excluído apenas de uma extremidade chamada pilha TOP. Stack tem duas ações significativas que são PUSH(element) e POP(element). O topo da pilha é adicionado pela operação Push, enquanto o topo da pilha é removido pela operação Pop. Um exemplo da vida real é uma pilha de livros da qual, se quisermos retirar um livro específico, temos que remover primeiro todos os livros mantidos acima desse livro. A pilha deve ser declarada antes do uso, então podemos dizer que uma pilha com capacidade limitada pode ser implementada. Portanto, a pilha pode sofrer overflow se estiver cheia e não houver espaço suficiente para enviar um elemento. O processo pop-up remove um elemento da lista superior. Se um pop expõe itens ocultos e leva a uma pilha vazia, a pilha fica esgotada; portanto, nenhum item pode ser encontrado na pilha.

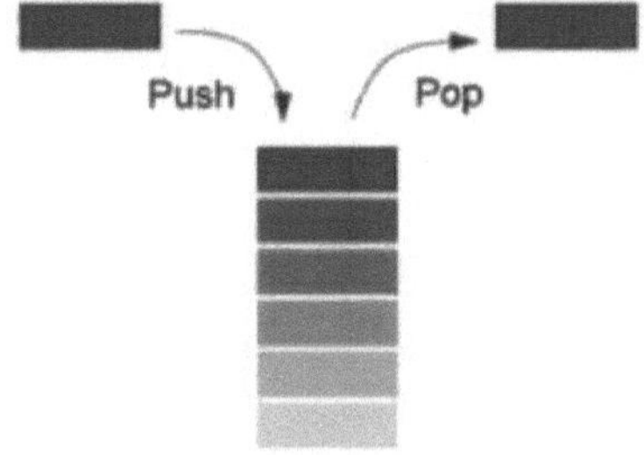

Figura 3.1 Taxonomia de PUSH e POP na pilha

Stack é uma estrutura de dados abstrata (ADT) que usa o conceito Last in First Out (LIFO). A pilha é a primeira a ser eliminada com o elemento de carga. A inserção e exclusão em uma única extremidade é conhecida como TOP. Parece um tubo fechado de um lado.

- A operação de adição da pilha é chamada de ação push.
- A operação de exclusão da pilha é chamada de ação pop.
- A operação push em full stack causa o estouro da pilha.
- Operações pop em uma pilha vazia causam estouro negativo na pilha.
- SP é um ponteiro para a pilha de elementos superiores.

- Se pressionarmos, os elementos serão adicionados no topo da pilha.

- Dessa forma, se retirarmos elementos, o elemento no topo da pilha será excluído.

3.2 Operações básicas de pilha

Uma pilha suporta três operações fundamentais: push, pop e peek. A ação Push insere outro elemento no topo da pilha, e a ação Pop exclui o último item inserido na pilha. A ação espiar fornece o valor mais alto do componente empilhado.

3.2.1 Operação Push

A operação Push insere um item no topo do saco. Ao colocar um elemento na pilha, TOP é incrementado em 1, adicionando o elemento à posição TOP + 1. Na Figura 2.2, uma pilha é mostrada inicialmente com 5 elementos, e o TOPO da pilha está em 4.

Figura 3.2 Pilha com capacidade para 10 elementos com 5 elementos já presentes nela.

Para incluir um item com valor 6, devemos verificar a condição de overflow que é se TOP = MAXIMUM-1. Se a condição for falsa; nesse caso, o valor de TOP é aumentado em um, e o novo elemento é colocado na posição dada pela variável stack[TOP] mostrada na Figura 2.3.

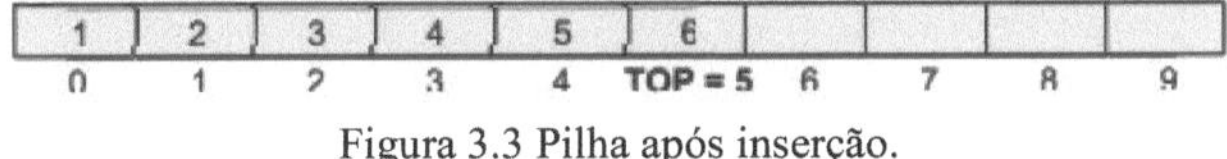

Figura 3.3 Pilha após inserção.

Algoritmo 3.1: Inserir um elemento em uma pilha

Etapa 1: se Top_Stack = Máximo - 1
Imprimir ESTOURO DE PILHA
Etapa 2: caso contrário, defina Top_Stack = Top_Stack + 1
Etapa 3: inserir pilha[Top_Stack] = dados
Etapa 4: SAIR

O Algoritmo 3.1 mostra as diversas etapas da operação push, onde a Etapa 1 começa com uma busca pela presença de uma condição STACK OVERFLOW. Na Etapa 2, o valor de Top_Stack é aumentado em um para apontar para a próxima entrada na matriz. A etapa 3 coloca o item na pilha no local fornecido pelo parâmetro Top_Stack.

3.2.2 Operação Pop

Os elementos da pilha são eliminados usando a operação pop. Mas, antes da exclusão, devemos determinar se TOP = NULL, o que sinaliza que a pilha está vazia e nenhuma outra exclusão é permitida. Se uma pilha já estiver vazia, uma notificação STACK UNDERFLOW será impressa quando excluirmos um elemento da pilha.

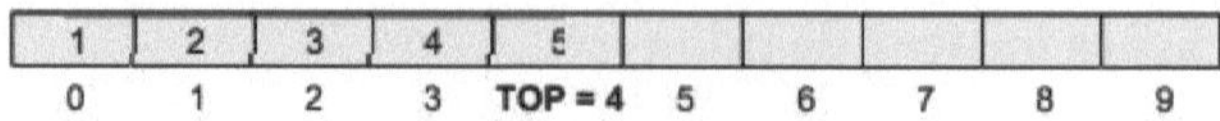

Figura 3.4 Pilha inicial com 5 elementos.

Para obter o elemento superior, TOP não precisa ser NULL. Se a condição for True, salvamos o elemento excluído na variável e reduzimos o valor TOP em um.

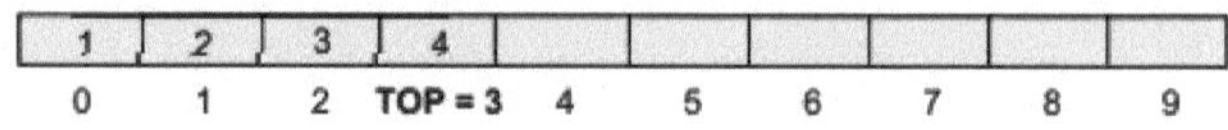

Figura 3.5 Pilha após exclusão do elemento superior.

Algoritmo 3.2: Excluir um elemento de uma pilha

Veja 1: Se Top)_S tack = NULL
Imprimir STACK UNDERFLOW
Etapa 2: Else Definir elemento = pilha[Top_Stack]
Etapa 3: definir Top_Stack = Top_Stack + 1
Etapa 4: SAIR

Começamos com uma verificação da condição STACK UNDERFLOW na Etapa 1. Na Etapa 2, o valor do local apontado para Top_Stack na pilha é salvo na variável VAL. Top_Stack é decrementado na Etapa 3.

3.2.3 Operação de espiada

Para obter o valor do elemento superior sem removê-lo, use peek. A Figura 2.6 descreve o método Peek. Apesar do fato de a pilha ser inicialmente verificada quanto a vazios, a ação Peek retornará o item somente se não for TOP = NULL.

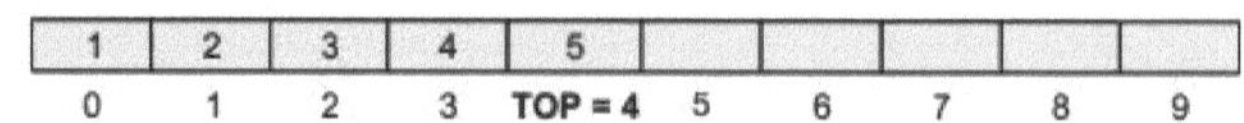

Figura 3.6 O elemento 5 do topo da pilha é recuperado quando peek é invocado.

Algoritmo 3.3: Operação Peek de uma pilha

Seep) 1: Se Top_S aderência = wZZ
Imprimir PILHA VAZIA
Etapa 2: Caso contrário, ReturnStack[Top_Stack]
Etapa 3: SAIR

3.3 Representação de uma Pilha

A estrutura de dados da pilha pode ser implementada de duas maneiras.

1   Implementação estática usando Array

2 Implementação dinâmica usando lista vinculada

3.3.1 Implementação de pilha estática usando array

As pilhas estáticas podem ser implementadas com a ajuda de um array linear na memória. Para cada pilha, uma variável TOS (Top of the Stack) é definida para reter o endereço do elemento mais alto da pilha. Este é o local onde o elemento será colocado. MAXIMUM é usado para armazenar a capacidade máxima da pilha. A pilha estará cheia se TOS for maior que MAXIMUM. Considere uma pilha com capacidade para seis elementos. O número de elementos adicionados não deve ser superior ao tamanho da pilha. O problema do estouro da pilha é descoberto quando tentamos adicionar um novo elemento além do tamanho máximo. Da mesma forma, os componentes fora da base da pilha são difíceis de remover. Abordaremos então a condição de subfluxo da pilha. Quando um elemento é incluído na pilha, push() é usado.

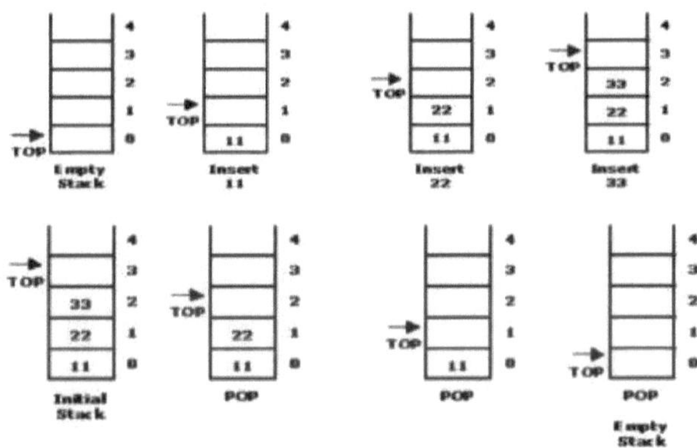

Figura 3.7Exemplo de operação push e pop da pilha.

A Figura 3.7 mostra a adição e exclusão de elementos com a ajuda da operação push e pop da pilha. Inicialmente, a pilha está vazia 11 inserida incrementando o valor superior e atribuindo o elemento a essa posição. Da mesma forma, outros elementos são inseridos; por outro lado, o elemento é excluído diminuindo o valor superior em 1. A implementação da pilha usando um array é mostrada abaixo. Para a construção da pilha usando um array, o array de elementos e a variável inteira no topo precisaram de dois membros de dados privados.

Programa 3.1: Programa para mostrar uma implementação de diversas operações de Stack usando Array.--

```
#include <stdio.h>
#include <stdlib.h>
```

```c
//Definição da pilha
estrutura StackDS {
int tos;
MÁXIMO não assinado;
int* arr;
};
//Tamanho de inicialização da pilha
struct StackDS* createStackDS(máximo não assinado)
{
struct StackDS* stackDS = (structStackDS*)malloc(sizeof(struct StackDS)); pilhaDS-
>MÁXIMO = MÁXIMO;
pilhaDS -> tos = -1;
stackDS->arr = (int*)malloc(stackDS->MAXIMUM * sizeof(int)); retornar
pilhaDS;
}
// Inserção do elemento usando operação push void push(struct StackDS*
stackDS, int element) {
if (stackDS->tos == stackDS->MAXIMUM - 1) return;
stackDS->arr[++stackDS->tos] = elemento; printf("%d inserido na pilha\n",
elemento);
}
// Exclusão do elemento usando operação pop int pop(struct StackDS*
stackDS)
{
if (stackDS->tos == -1) retornar INT_MIN;
return stackDS->arr[stackDS->tos--];
}
// operação peek para imprimir o elemento da pilha int peek(struct StackDS*
stackDS)
{
if (stackDS->tos == -1) retornar INT_MIN;
return stackDS->arr[stackDS->tos];
}
// Função principal para testar as funções acima int main()
{
estrutura StackDS* stackDS = createStackDS(100);
push(stackDS, 5);
push(stackDS, 10);
push(stackDS, 15);
```

printf("%d TOS foi removido da pilha\n", pop(stackDS)); retornar 0;
}

SAÍDA

---

5 inserido na pilha
10 inseridos na pilha
15 inseridos na pilha
15 TOS são removidos da pilha

• Declaramos uma estrutura chamada StackDS com um array denominado arr e duas variáveis pos e MAXIMUM. Declaramos três funções push(), pop() e peep() para operação de pilha. A variável tos salva o índice superior atual da pilha, inicialmente, para o valor da pilha vazia de tos atribuído como -1. Isso significa que 0 é o primeiro índice da pilha.

• Ao adicionar um novo item, a operação push() deve verificar se o tamanho máximo do array foi excedido. Em caso afirmativo, deve fornecer isso como uma isenção de estouro. Caso contrário, aumenta o valor de tos, que aponta para o espaço após incrementar o valor – um novo item é copiado para arr[tos].

• O pop() primeiro verifica o estouro, garantindo que a pilha não esteja vazia antes de diminuir o índice superior. Caso contrário, salve o elemento que será excluído e diminua o tos em 1.

• peep() retorna o item do topo, com exceção se a pilha estiver vazia.

3.3.2 Implementação de pilha usando lista vinculada

A implementação de uma pilha usando uma lista vinculada não requer - armazenamento de pilha pré-atribuído; se necessário, ele atribui nós. Para cada nó, há um item de dados e uma referência ao próximo nó. Quando a lista vinculada é imposta, nós vinculados são usados, de forma que dentro da parte da classe privada, a estrutura do nó é definida.

O nó da pilha que é o nó principal é o único membro da classe de dados privados. O nó da classe de pilha é o único membro de dados privado. Se a lista estiver vazia, o ponteiro será NULL. Então, é a parte privada da classe stack. A implementação da pilha usando lista vinculada é mostrada abaixo:

Programa 3.2: Programa para mostrar uma implementação de diversas operações de Stack usando Linked List. --

```
#include <stdio.h>
#include<stdlib. h>
// Estrutura para criação de um nó
estrutura StackDS {
item interno;
```

```c
estrutura StackDS* ptr;
};
estrutura StackDS* newNode(int item)
{
estrutura StackDS* stackDS =
(estrutura StackDS*)
malloc(sizeof(estrutura StackDS));
pilhaDS->item = item;
pilhaDS->ptr = NULL;
retornar pilhaDS;
}
int EmptyCheck(estrutura StackDS* primeiro)
{
retornar !primeiro;
}
void push(struct StackDS** primeiro, int item)
{
estrutura StackDS* stackDS = newNode(item); stackDS->ptr = *primeiro;
*primeiro = stackDS;
printf("%d inserido na pilha\n", item);
}
int pop(estrutura StackDS** primeiro)
{
if (EmptyCheck(*primeiro))
                                retornar INT_MIN;
struct StackDS* temp = *primeiro;
*primeiro = (*primeiro)->ptr;
int excluído = temp->item;
grátis(temperatura);
retornar excluído;
}
int peek(estrutura StackDS* primeiro)
{
if (EmptyCheck(primeiro))
                                retornar INT_MIN;
retornar primeiro->item;
}
int principal()
{
```

estrutura StackDS* primeiro = NULL;
push(&primeiro, 5);
push(&primeiro, 10);
push(&primeiro, 15);
printf("%d item excluído da pilha\n", pop(&first));
printf("O topo da pilha é %d\n", peek(primeiro));
retornar 0;
}

SAÍDA

---

5 inserido na pilha
10 inseridos na pilha
15 inseridos na pilha
O topo da pilha é 10
Todos os itens da pilha são: 10 5

• A estrutura StackDS é implementada com o ponteiro inicial primeiro definido como nulo, indicando que a pilha está vazia. Com a ajuda da função malloc(), podemos adicionar qualquer número de nós que contenham o item e o endereço do próximo item.

• A operação Push() cria um novo nó e copia o elemento na variável item e atribui o ponteiro ptr para empilhar o primeiro ponteiro e, finalmente, todo o ponteiro é atribuído ao primeiro.

• Usando operações pop(), remova o nó no topo da lista, exceto em branco. Esse item está incluído no parâmetro.

• Da mesma forma, peep() retorna o item no início da exceção da lista se a pilha estiver vazia.

• A implementação usando uma lista vinculada é mais eficiente em termos de memória do que a implementação de array, mas pode exigir um bom conhecimento para lidar com ponteiros.

3.4 Múltiplas Pilhas

se new() for invocado, e esta falha em uma aplicação severa deve ser incluída na função de cópia Object() e push(). Se menos espaço for dado à pilha, surgirão inúmeras condições para estouro. Para resolver esse problema, o código deve ser atualizado para alocar espaço adicional na matriz. A memória pode ser desperdiçada quando gastamos muito espaço na pilha. Isto dá origem ao compromisso entre a frequência de overflow e o espaço alocado. Mais de uma pilha dentro do array do mesmo tamanho ou mais de uma pilha é uma solução melhor para esse problema.

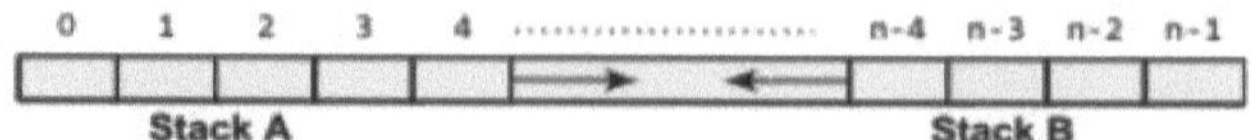

Figura 3.8 Representação gráfica da pilha bidirecional.

A matriz STACK[n] é usada para as pilhas A e B. O valor n é que as pilhas nunca excedem n. Deve-se notar que a pilha A se expande da esquerda para a direita quando trabalha nesta pilha, enquanto a pilha B também se expande da direita para a esquerda. Quando esta noção é estendida a várias pilhas, as pilhas podem ser usadas para representar n pilhas do mesmo array. Em outros termos, usando STACK[n], o espaço limitado pelos índices b[I] e e[i] será alocado para cada pilha I.

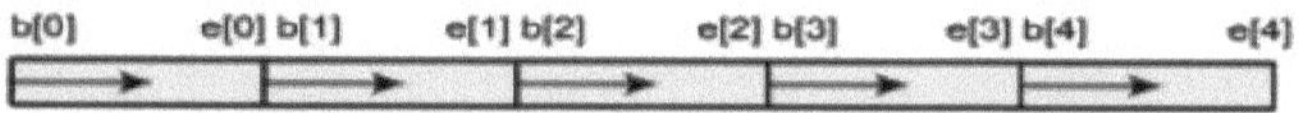

Figura 3.9 Representação gráfica de pilhas múltiplas

3.5 Aplicação de Pilha

Descreveremos nesta seção problemas típicos onde pilhas para soluções simples e eficientes podem simplesmente ser implantadas.

- Invertendo a ordem de uma lista
- Verificador de parênteses
- Conversão de uma expressão infixa para uma expressão pós-fixada
- Determinação do significado de uma expressão pós-fixada
- Conversão de uma expressão infixa em uma expressão prefixada
- Avaliação de expressão de prefixo
- Recursão
- Torre de Hanói

CAPÍTULO 4

PERGUNTAS

4.1 Introdução da fila

A fila é um tipo de dados abstrato usado para armazenar elementos de forma linear. Possui uma característica única que segue o conceito FIFO (First In First Out), o que significa que o elemento que entra primeiro sairá primeiro. Vamos explicar a ideia de fila com as seguintes analogias.

• Numa escada rolante, as pessoas entram passo a passo. Uma pessoa na escada rolante foi o primeiro passo para chegar primeiro.

• Os passageiros aguardavam o ônibus. A primeira pessoa da fila embarcará primeiro no ônibus.

• Aqueles que ficam do lado de fora da bilheteria do cinema. A primeira pessoa na fila obterá o ingresso primeiro e será a primeira a sair do balcão.

• Bagagem mantida em esteiras transportadoras. O saco colocado primeiro é o primeiro a sair do outro lado.

• Automóveis alinhados em uma praça de pedágio. O primeiro automóvel com pedágio é o primeiro a partir.

É facilmente observado nestas ilustrações que o elemento é servido primeiro na primeira posição. O mesmo se aplica à estrutura de dados da fila. Os elementos em uma fila possuem uma extremidade REAR que é usada para adicionar elementos, e a extremidade FRONT é usada para excluir elementos da fila.

4.2 Operações na fila

Três operações fundamentais são suportadas por uma fila: Inserção, Exclusão e Exibição. A inserção é usada para inserir os elementos do final da fila, e a operação de exclusão é usada para remover os elementos da frente da fila. A ação Exibir fornece os elementos presentes na fila.

4.2.1 Enqueue(value) - Inserindo valor na fila

O enqueue() é usado em uma estrutura de banco de dados de filas para inserir um elemento. O item recém-criado é sempre adicionado ao final da fila. A função enqueue() aceita um parâmetro inteiro e o adiciona à fila. Para adicionar um elemento à fila, podemos utilizar as seguintes etapas mostradas no algoritmo.

Algoritmo 4.1: Operação de enfileiramento da fila
Step 1: If QUEUE_FRONT == QUEUE REAR == -1
Queue is FULL.

A fila está CHEIA.

Etapa 2: se NÃO estiver FULL, aumente QUEUE_REAR em 1.

Etapa 3: Atribuir o item ao final da fila após realizar a operação de incremento.

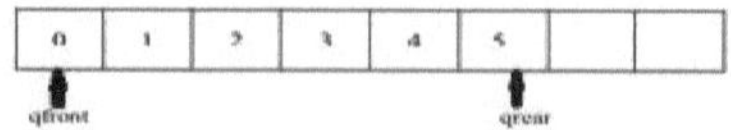

Figura 4.1 Fila com qfront apontando para 0 e traseira apontando para 5

Vamos entender o enfileiramento com a ajuda do exemplo mostrado na Figura 3.1 onde temos uma fila com 6 elementos já presentes nela. O ponteiro qfront está apontando para o elemento 0 e o ponteiro qrear está apontando para o elemento 5. Quando realizamos a operação de enfileiramento nele, ele incrementará qrear em 1 e armazenará o elemento inserido mostrado na Figura 3.2.

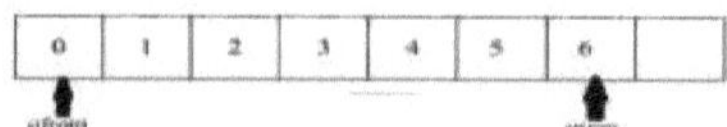

Figura 4.2 Fila após realizar a operação Enqueue.

4.2.2 Dequeue() - Excluindo um valor da Queue

O método dequeue() é usado para excluir um elemento da estrutura do banco de dados de filas. Sempre que um elemento é removido, ele é sempre removido da frente da fila. A função dequeue() retorna um valor inteiro que indica que o item foi excluído da fila. Para excluir um elemento da fila, podemos utilizar as seguintes etapas mostradas no algoritmo. ------------------------------

Algoritmo 4.2: Operação de desenfileiramento da fila

Step 1: If QUEUE_FRONT == QUEUE REAR == -1

  The queue is FULL.

A fila está CHEIA.

Passo 2: A exclusão não é possível na fila vazia e encerra a função.

Etapa 3: se QUEUE NÃO estiver vazio, diminua QUEUE_FRON em 1.

Etapa 4: se QUEUE_FRONT == QUEUE_REAR! = -1

Defina QUEUE_REAR e QUEUE_FRONT como '-1' (frente = traseira = -1).

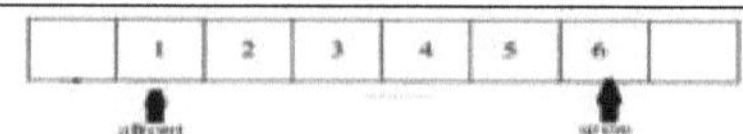

Figura 4.3 Fila após realizar a operação Dequeue

Quando realizamos a operação de desenfileiramento na Figura 3.2, o elemento presente em qfront é excluído. A operação de desenfileiramento excluirá o elemento presente em qfront e incrementará o qfront em 1, como mostrado na Figura 3.3.

4.2.3 Display() - Exibe os elementos de uma Queue

Display é a função que permite exibir os elementos da fila a qualquer momento. Sempre que quisermos verificar os elementos da fila basta chamar as funções de exibição. Imprime todos os elementos presentes na fila de frente para trás.

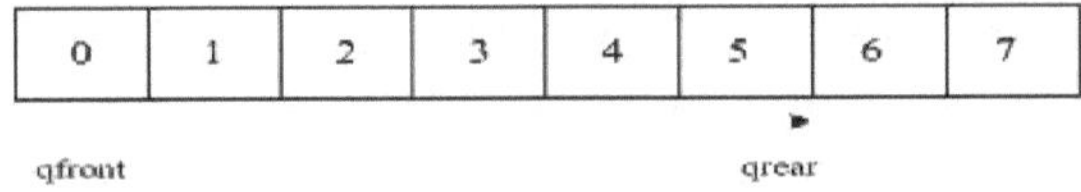

Figura 4.4Exibir operação da Fila

Quando realizamos a operação de exibição, ele imprimirá o elemento de qfront a qrear, um por um, mostrado na Figura 3.4. O algoritmo para exibir o elemento da fila é mostrado abaixo. --

Algoritmo 4.3: Exibindo os elementos da Fila ---
Etapa 1: Se QUEUE_FRONT == QUEUE REAR == -1 A fila está FULL
Etapa 2: Encerre a função com mensagem vazia.
Etapa 3: se NÃO estiver VAZIO, defina uma variável inteira i e
defina-o igual a front+1.
Etapa 4: exiba o valor de queue[i] e diminua o valor de i em um (i--). Rep
até que o valor de i seja igual ao valor da parte traseira.

4.3 Representação de uma Fila

A estrutura de dados da fila pode ser implementada de duas maneiras.

- Implementação estática de fila usando Array
- Implementação dinâmica de fila usando lista vinculada
- **.3.1 Implementação de fila estática usando array**

A implementação estática da fila ocorre usando array. Para implementar fila usando array temos que manter as variáveis traseira e frontal de acordo com a regra da fila. Quando tentamos inserir um elemento na fila completamente preenchida, ocorre um estouro. A exclusão de um elemento da fila vazia leva a uma situação de underflow. A implementação estática da fila usando array é discutida abaixo:

Programa 4.1: Implementação estática de Queue usando array

```
#include <stdio.h>
#include <stdlib.h>
//Definição de uma fila
estrutura QueueDS {
int qfront, qrear, curr;
limite não assinado;
int* arr;
};
```

```c
// Inicializa o tamanho da fila
struct QueueDS* createQueueDS(cap não assinado)
{
struct QueueDS* queueDS = (struct QueueDS*)malloc( sizeof(struct
QueueDS));
filaDS->cap = cap;
queueDS->qfront = queueDS->curr = 0;
filaDS->qrear = cap - 1;
filaDS->arr = (int*)malloc(
queueDS->cap * sizeof(int));
retornar filaDS;
}
// A inserção de um item é realizada no enfileiramento
void enfileiramento(struct QueueDS* queueDS, int item)
{
if (queueDS->curr == queueDS->cap)
retornar;
queueDS->qrear = (queueDS->qrear + 1)
                        % queueDS->cap;
queueDS->arr[queueDS->qrear] = item;
queueDS->curr = queueDS->curr + 1;
printf("%d inserido na fila usando enqueue\n", item);
}
// A exclusão de um elemento ocorre no desenfileiramento
int desenfileirar(struct QueueDS* queueDS)
{
if (queueDS->curr == 0)
retornar INT_MIN;
int item = queueDS->arr[queueDS->qfront];
queueDS->qfront = (queueDS->qfront + 1)
                        % queueDS->cap;
queueDS->curr = queueDS->curr - 1;
devolver item;
}
//Programa principal para testar as funções acima
int principal()
{
struct QueueDS* queueDS = createQueueDS(100);
enfileirar(filaDS, 5);
```

enfileirar(filaDS, 10);
enfileirar(filaDS, 20);
enfileirar(filaDS, 40);
printf("%d removido do desenfileiramento\n\n", dequeue(queueDS));
retornar 0;
}

5 inserido na fila usando enqueue

10 inseridos na fila usando enqueue

20 inseridos na fila usando enfileirador

5 removido do desenfileirador

4.3.2 Implementação de fila dinâmica usando lista vinculada

A implementação dinâmica de uma fila pode ser realizada com a ajuda da lista vinculada. Em uma implementação dinâmica, sempre que é necessário inserir um elemento, ele cria espaço dinamicamente criando o nó. O programa de várias operações de uma fila usando lista vinculada é mostrado abaixo:

Programa 4.2: Implementação de Fila usando Lista Encadeada --------------

```
#include <stdio.h>
#include <stdlib.h>
// Estrutura para nós da fila
estrutura QueueNode {
valor interno;
estrutura QueueNode* ptr;
};
//Estrutura para armazenar qrear e qfront
estrutura QueueDS {
struct QueueNode *qfront, *qrear;
};
//Definição da lista alinhada para fila.
estrutura QueueNode* newNodeDS(int z)
{
struct   QueueNode*   temp   =   (struct   QueueNode*)malloc(sizeof(struct
QueueNode));
temp->valor = z;
temp->ptr = NULO;
temperatura de retorno;
}
// Inicialização da estrutura de fila vazia QueueDS* createQueueDS()
```

```c
{
struct QueueDS* q = (struct QueueDS*)malloc(sizeof(struct QueueDS));
q->qfront = q->qrear = NULL;
retornarq;
}
// Inserção de itens usando enqueue
void enQueue(estrutura QueueDS* q, int z)
{
estrutura QueueNode* temp = newNodeDS(z);
// traseira igual a frontal se newNodeDS estiver vazio
if (q->qrear == NULL) {
q->qfront = q->qrear = temp;
retornar;
}
q->qrear->ptr = temp;
q->qrear = temp;
}
// Exclusão do elemento usando dequeue
void deQueue(struct QueueDS* q)
{
if (q->qfront == NULL) retornar;
struct QueueNode* temp = q->qfront;
q->qfront = q->qfront->ptr;
if (q->qfront == NULO)
q->qrear = NULL;
grátis(temperatura);
}
//Programa principal para testar as funções acima
int principal()
{
struct QueueDS* q = createQueueDS();
enQueueDS(q, 5);
enQueueDS(q, 10);
deQueueDS(q);
deQueueDS(q);
enQueueDS(q, 20);
enQueueDS(q, 40);
enQueueDS(q, 80);
deQueueDS(q);
```

printf("Ponteiro frontal da fila aponta para: %d \n", q->front->key);
printf("O ponteiro traseiro da fila aponta para: %d", q->rear->key);
retornar 0;
}

SAÍDA

O ponteiro frontal da fila aponta para: 40
O ponteiro traseiro da fila aponta para: 80

4.4 Uma implementação diferente de fila

Uma fila pode ser implementada de várias maneiras, aplicando algumas restrições para executar uma tarefa específica. O seguinte pode ser categorizado como uma estrutura de dados de fila:

- Fila Circular
- Fila de Fila Dupla (DEQUE)
- Fila de prioridade
- Fila múltipla

4.4.1 Filas Circulares

Nas filas lineares abordadas até o momento, apenas são permitidas inserções em uma extremidade denominada traseira, enquanto a remoção é sempre realizada pela frente. Depois de realizar várias inserções e exclusões, a posição da fila é mostrada na Figura 3.4, onde a frente aponta para o local 4 e a traseira aponta para o local 9.

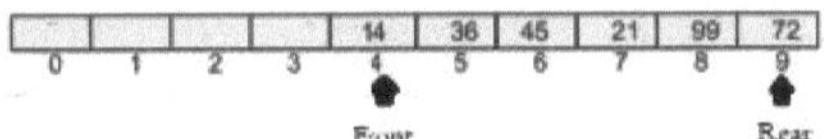

Figura 4.5 Fila linear onde frontal = 4 e traseira = 9

Quando o novo elemento é inserido na fila mostrada na Figura 3.4. Embora haja espaço disponível, a condição de estouro parece existir porque a condição traseira = MAX - 1 ainda é válida. Este é o maior problema da fila linear. Duas soluções para este problema estão disponíveis. Primeiro, mova os itens para a esquerda, para ocupar e utilizar com eficiência o espaço vago. Mas, especialmente quando a fila é muito grande, pode demorar muito. A fila circular é a segunda opção. O primeiro índice aparecerá imediatamente após o índice final da fila que está na forma circular.

A fila Circular só está completamente cheia nas posições front = 0 e back = max - 1. Existe uma fila circular, assim como existe uma fila linear, e ambas são úteis. A única diferença entre os dois é o código que insere e remove itens de um banco de dados. Agora devemos procurar três coisas para inserção:

- Quando a frente de uma fila circular é igual a zero e o final da fila é igual a MAX - 1, a fila está cheia.

• Quando rear != MAX - 1, rear é aumentado e o valor é adicionado como em rear + 1.

• Quando front != 0 , rear = MAX - 1, a fila não estará cheia. Defina rear = 0, insira o novo elemento nele.

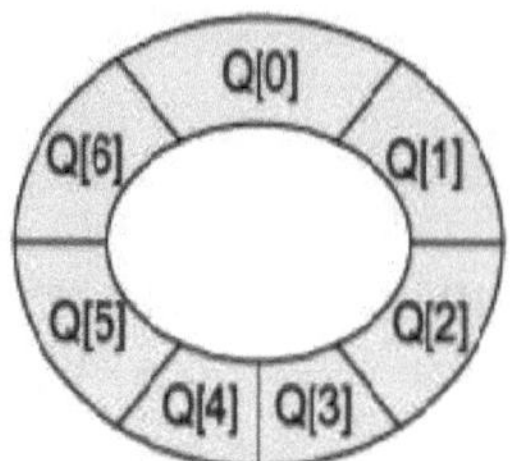

Figura 4.6 Fila circular com sua localização

4.4.2 Filas Duplas (DEQUE)

É um caso especial da fila onde a inserção e a exclusão podem ser realizadas em ambas as extremidades da fila. Isso é chamado de link head-stack, pois tanto o front-end quanto o back-end podem ter recursos adicionados ou removidos. Mas, do meio, nenhum elemento pode ser adicionado e removido. O deque é implementado na memória do computador com um array circular ou circular de dois links. Num tabuleiro são mantidos dois pontos, ESQUERDA e DIREITA, que indicam cada extremidade do deque. Os elementos Deque se estendem da extremidade ESQUERDA até a extremidade DIREITA, já que Dequeue [N-1] é circular e Dequeue [0] é seguido. Considere os deques da Figura 3.7. Uma fila dupla possui duas variantes.

• Insira deque restrito onde a exclusão pode ser executada em ambas as extremidades como em DEQUE, mas a inserção é restrita em apenas uma extremidade. A regra de inserção é a mesma da fila, onde o elemento só pode ser adicionado na parte traseira da fila.

• Deque restrito de saída aqui, a exclusão do elemento só pode ser feita de uma extremidade da fila que é o front-end da fila. Não há restrição para a inserção do elemento, ela pode ser feita nas duas extremidades da fila.

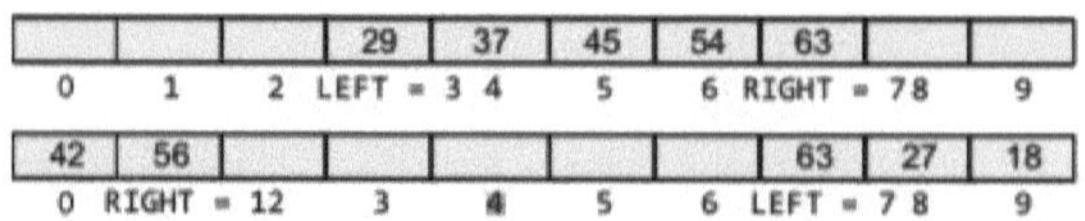

Figura 4.7 Filas Duplas (DEQUE)

4.4.3 Filas prioritárias

Uma fila de prioridade é um DS priorizado para cada elemento. A prioridade

74

do elemento é utilizada para estabelecer uma sequência de processamento dos elementos. As regras gerais sobre elementos de processamento de filas prioritárias.

• Um elemento com maior prioridade deve ser processado antes de um elemento com menor prioridade.

• O primeiro a chegar, primeiro a ser servido (FCFS) aborda dois quando elementos com igual prioridade.

A fila de prioridade pode ser vista como alterada, em primeira instância, se o elemento deve ser excluído da fila até que o elemento com a prioridade mais alta seja localizado. Muitos critérios podem definir a prioridade do elemento. As filas de prioridade são comumente usadas no sistema operacional para iniciar a execução do método de maior prioridade primeiro. A prioridade do processo pode ser definida com base no tempo necessário para a execução completa da CPU. Quando existem três processos, por exemplo, quando são necessários 5 ns para o primeiro processo, 4 ns são necessários para o segundo processo, 7 ns são necessários para o terceiro, o segundo processo é o mais essencial e, portanto, o primeiro é executado .

A fila de prioridade pode ser implementada de duas maneiras. Eles podem usar uma lista ordenada para armazenar os itens para estabelecer uma fila quando um item é excluído, de modo que o item com prioridade máxima não seja pesquisado. Se um item for excluído da lista, o item com maior prioridade é aquele que deve ser localizado e removido.

4.5 Aplicações de Fila

• Filas para um recurso compartilhado, como Impressora, Disco e CPU, são comumente usadas.

• As filas nem sempre são recebidas na mesma ordem em que são enviadas, mas são usadas de forma assíncrona para transmitir os dados entre dois processos (por exemplo, pipes, arquivos IO, soquetes).

• de MP3 e leitores de CD portáteis e buffers de listas de reprodução de iPod são utilizados como filas.

• Jukebox usa filas para adicionar músicas na lista de reprodução, para reproduzir na frente das listas.

• No sistema operacional, as filas são usadas para gerenciar interrupções. Quando uma operação principal, como um clique do mouse, é interrompida, as interrupções devem ser tratadas rapidamente antes que o trabalho atual seja concluído.

CAPÍTULO 5

ÁRVORE

5.1 Introdução da Árvore

A árvore é classificada como uma série de um ou mais nós onde o nó reconhece que a raiz da árvore pode ser particionada em conjuntos não vazios. A Figura 5.1 ilustra a árvore com 10 nós onde P é o nó raiz com dois filhos Q e R, e X, T, Y, U, V e W são os nós folha.

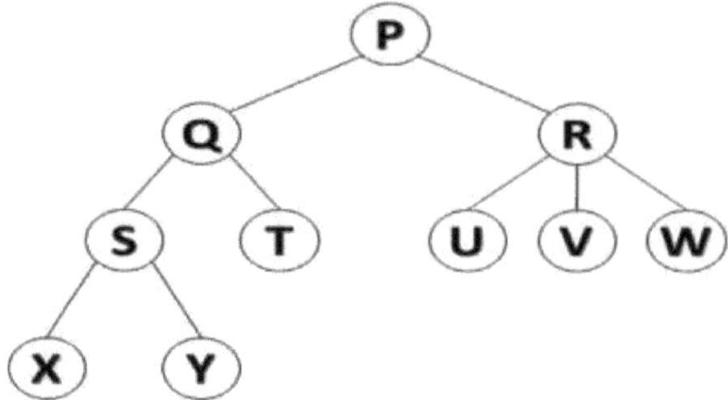

Figura 5.1 Exemplo de árvore básica, que possui dez nós.

1. Nó raiz

Um nó cujo grau de entrada é zero é chamado de nó raiz. Cada árvore pode ter no máximo um nó raiz. O nó P é o nó raiz mostrado na Figura 5.1. Se P for definido como NULL, a árvore estará vazia. Geralmente, em cada árvore, o primeiro nó é o nó raiz.

2. Borda

Um link de conexão entre dois nós é denominado Edge. Se a árvore que consiste em 'N' nós pode ter o número máximo de arestas é 'N-1'.

3. Nó pai

O nó antes de qualquer nó na estrutura de dados em árvore será chamado de Nó Pai. O nó que se conecta a qualquer nó em uma linguagem simples é chamado de nó pai. Em geral, o nó pai também pode ser descrito como um nó filho. Na Figura 5.1, o nó P é o pai de Q e R.

4. Nó filho

O ChildNode é considerado um nó descendente de qualquer nó na estrutura de dados em árvore. Como nó filho, o nó tem uma conexão com seu nó pai. Em cada nó pai, uma árvore pode ter qualquer número de nós filhos. Todos os nós são nós filhos de alguns nós, exceto o nó raiz. Na Figura 5.1, os nós S e T são os nós filhos de Q.

5. Irmãos

Irmãos em uma estrutura de dados em árvore são chamados de nós do mesmo pai. Os nós irmãos estão presentes no mesmo nível. Na linguagem comum, todos os filhos dos nós pais são irmãos. Na Figura 5.1, os nós Q e R são irmãos que compartilham o nó pai P comum e permanecem no mesmo nível.

6. Subárvores

Cada parte da árvore é chamada de subárvore. Se removermos algumas arestas ou nós da árvore, a árvore obtida é chamada de subárvore. Por exemplo, a parte sombreada da árvore na Figura 5.1 é mostrada na Figura 5.2. Ele mostra as três subárvores do gráfico denotadas como T1, T2 e T3.

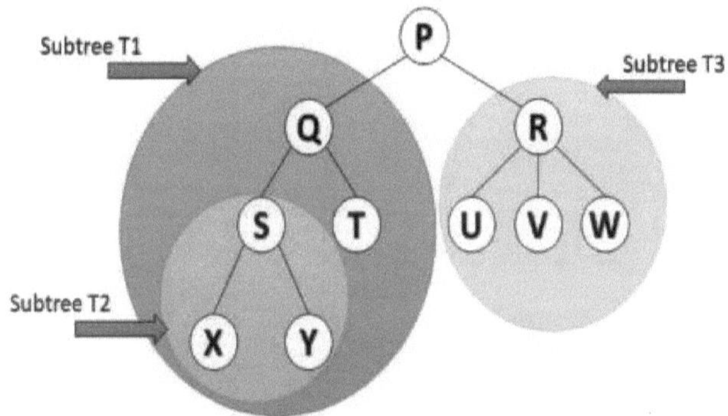

Figura 5.2Exemplo de subárvore da árvore.

7. Número do nível

Cada nó da árvore recebe um número de nível para que o nó raiz esteja no nível 0, com os filhos do nó raiz no nível 1. Cada nó excede seu nível pai em um nível. Cada nó do filho tem, portanto, um nível pai +1. Na linguagem básica, cada etapa de uma árvore é denominada '0' e aumenta de nível de cima para baixo. O nível começa de nível em nível (Step).

8. Altura

A altura do nó é o número total de arestas na maior distância do nó folha ao nó especificado. Em uma árvore, a altura do nó raiz é emitida como a altura da árvore. A altura do nó raiz da árvore é '1'.

9. Caminho

Em uma estrutura de dados em árvore, os nós e a sequência de links entre os dois nós são chamados de PATH. O número total de nós na rede é o comprimento do caminho. Na Figura 5.1, o caminho PQSX tem comprimento 4.

10. Grau

O grau do nó é equivalente ao não. de crianças que um nó tem. Cada grau de nó folha é zero. Na Figura 5.1, o nó P possui grau 2 porque possui dois filhos, enquanto o nó Y é um nó folha; é por isso que tem grau 0.

5.2 Árvore binária

A árvore binária é a estrutura de dados da coleção de nós. Uma parte essencial da árvore binária é que cada nó pode ter apenas 0, 1 ou 2 filhos em qualquer nível. Um nó folha e um nó terminal são chamados de nó para zero filhos. Cada nó possui um elemento de dados e dois ponteiros que apontam para seus filhos, com o ponteiro esquerdo apontando para o filho à esquerda e o ponteiro direito apontando para o filho direito do nó. O elemento da raiz é indicado com o ponto 'raiz'. A Figura 5.3 mostra o exemplo da árvore binária onde cada nó não possui mais do que dois filhos.

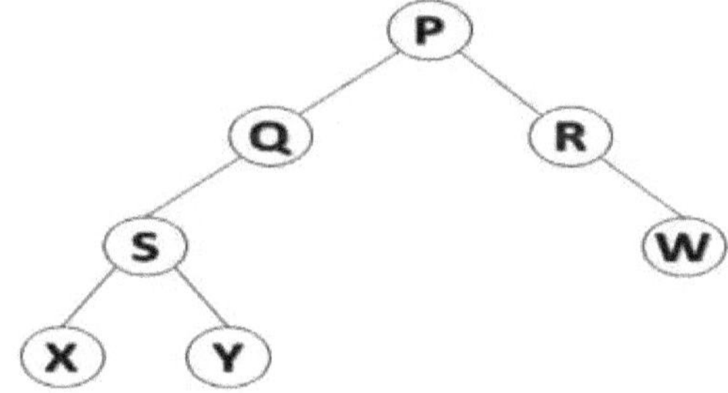

Figura 5.3 Exemplo básico de árvore binária, que possui sete nós.

5.3 Travessia de árvore binária

A prática de visitar cada nó da árvore exatamente uma vez é chamada de travessia de uma árvore binária. Em contraste com os dados lineares, que cruzam os elementos sequencialmente, a árvore é um sistema de dados não linear que permite que os componentes sejam cruzados de várias maneiras. Existem três tipos básicos de algoritmos de travessia de árvore.

5.3.1 Travessia de pré-encomenda

Na travessia de pré-ordem, as seguintes operações em cada nó para percorrer árvores binárias não vazias são feitas recursivamente. A pré-encomenda funciona da seguinte forma:

1.　　Visita ao nó raiz
2.　　Atravessando a subárvore esquerda
3.　　Atravessando a subárvore direita

Nó raiz primeiro, subárvore à esquerda em seguida e subárvore à direita. A pré- ordem de travessia é constantemente chamada de pré-ordem de profundidade de travessia. O método sempre percorre a subárvore esquerda antes da subárvore direita. A frase de pré-encomenda indica que o nó raiz está acessível antes de outros nós nas subárvores esquerda e direita. O algoritmo de pré-ordem é um termo usado para descrever o algoritmo NLR. (Nó-Esquerda-Direita). O algoritmo básico de travessia de pré-ordem é mostrado no Algoritmo 5.1.--

Algoritmo 5.1: Travessia de Pré-Encomenda

Etapa 1: até TREE! = NULL, repita as etapas 2 a 4
Etapa 2: imprime a parte DATA do nó
Etapa 3: PRE_ORDER (ÁRVORE ESQUERDA) .
Etapa 4: PRE_ORDER (ÁRVORE À DIREITA)
Etapa 5: SAIR

A travessia da árvore é indicada como A, B e C. O algoritmo de travessia Pre Order é usado para recuperar o prefixo da árvore de expressão. A passagem de pré-encomenda da Figura 5.3 é PQSXYRW. Conforme mostrado na Figura 5.4, o nó P é o nó raiz que percorre primeiro, depois sua subárvore esquerda, seguido pela subárvore direita.

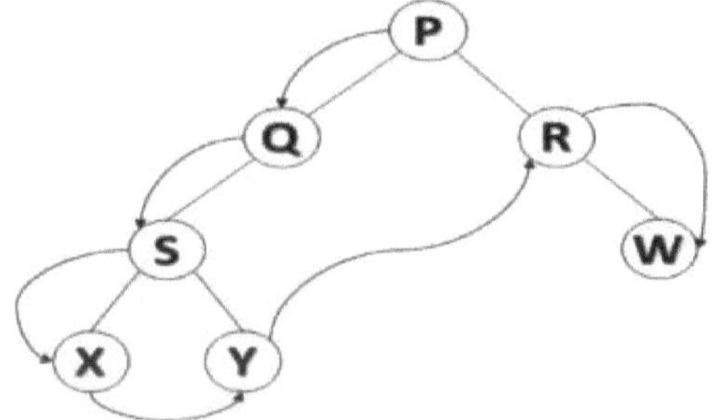

Figura 5.4 Mostra a travessia de pré-ordem da árvore binária

5.3.2 Travessia em ordem

As seguintes ações são feitas recursivamente no nó para percorrer uma árvore binária não vazia para obter a travessia em ordem da árvore:

1.   A subárvore esquerda da travessia do nó raiz

2.   Visita ao nó raiz

3.   A subárvore direita da travessia do nó raiz

A travessia da árvore indicada como B, A e C. Primeiro, a subárvore esquerda, depois o nó raiz seguido pela subárvore direita. Também conhecido como percurso simétrico na sequência. Neste método, antes da raiz e das subárvores direitas, a subárvore esquerda é sempre cruzada. A palavra em ordem 'in' implica que o nó raiz pode ser visitado entre as subárvores esquerda e direita. O método transversal In-order também é conhecido como LNR (Left-Node-Right). O algoritmo para travessia em ordem é mostrado no Algoritmo 5.2.--

Algoritmo 5.2: Travessia em Ordem

Etapa 1: até TREE! = NULL, repita as etapas 2 a 4
Etapa 2: IN_ORDER (ÁRVORE ESQUERDA)
Etapa 3: imprime a parte DATA do nó
Etapa 4: IN_ORDER (ÁRVORE À DIREITA)
Etapa 5: FIM

Algoritmos de travessia em ordem são normalmente usados para mostrar elementos da árvore de pesquisa binária. Cada elemento com um valor abaixo de um valor específico é acessado primeiro, antes dos elementos de valor mais alto. O percurso em ordem da Figura 5.3 é X-SYQPRW. Conforme mostrado na Figura 5.5, o nó X é o nó mais à esquerda que atravessa primeiro e, em seguida, seu nó pai segue seu nó à direita.

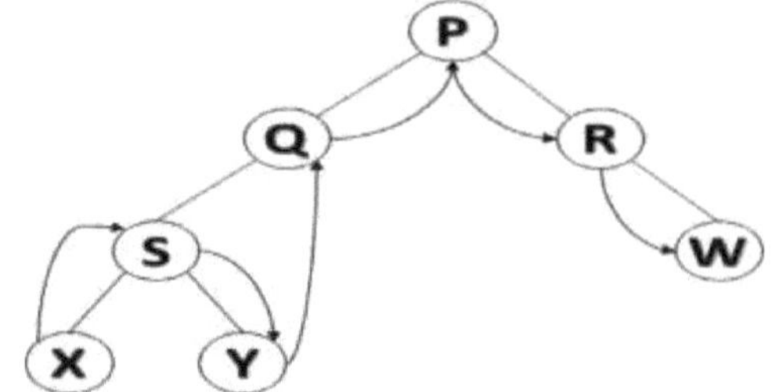

Figura 5.5 Mostra o percurso em ordem da árvore binária

5.3.3 Travessia pós-pedido

Em cada nó, uma árvore binária não vazia na travessia pós-pedido é executada recursivamente pelas seguintes operações:

1. A subárvore esquerda da travessia do nó raiz
2. A subárvore direita da travessia do nó raiz
3. Visita ao nó raiz

A forma da árvore é B, C e A. Primeiro, direita ou esquerda e, finalmente, o nó raiz. Este termo post significa que após as subárvores esquerda e direita, o nó raiz é inspecionado. Também é chamado de LRN (Nó Esquerdo-Direito). O algoritmo de travessia pós-ordem é mostrado no Algoritmo 5.3.----------------

Algoritmo 5.3: Travessia pós-pedido
Etapa 1: até TREE! = NULL, repita as etapas 2 a 4
Etapa 2: POST_ORDER (ÁRVORE ESQUERDA)
Etapa 3: POST_ORDER (ÁRVORE À DIREITA)
Etapa 4: imprime a parte DATA do nó
Etapa 5: FIM

A travessia pós-ordem da Figura 5.3 é XSYQPRW. Conforme mostrado na Figura 5.6, o nó X é o nó mais à esquerda que atravessa primeiro, depois sua subárvore direita, seguido por seu nó pai.

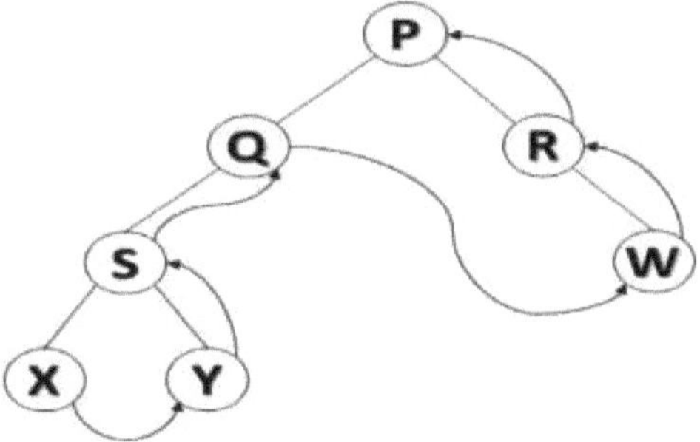

Figura 5.6 Mostra a travessia pós-ordem da árvore binária

O Programa 5.1 mostra a implementação do esquema de travessia completa da estrutura de dados em árvore. Consiste em três funções diferentes para cada travessia e a chamada é feita a partir da função principal do programa.

Programa 5.1: Programa C para diferentes travessias de árvores

```c
#include <stdio.h>
#include <stdlib.h> struct nodeTree { int item;
estrutura nodeTree* left_ptr;
estrutura nodeTree* right_ptr;
};
estrutura nodeTree* newNodeTree(int item) {
estrutura nodeTree* nodeTree
= (struct nodeTree*)malloc(sizeof(struct nodeTree)); nodeTree->item = item;
nodeTree->left_ptr = NULL; nodeTree->right_ptr = NULL; retornar
(nodeTree);
}
void Print_Post_order(estrutura nodeTree* nodeTree)
{
if (nodeTree == NULO)
retornar;
Print_Post_order(nodeTree->left_ptr);
Print_Post_order(nodeTree->right_ptr);
printf("%d ", nodeTree->item);
}
void Print_In_order(estrutura nodeTree* nodeTree)
{
if (nodeTree == NULO)
retornar;
Print_In_order(nodeTree->left_ptr);
printf("%d ", nodeTree->item);
```

```c
Print_In_order(nodeTree->right_ptr);
}
void Print_Pre_order(estrutura nodeTree* nodeTree)
{
if (nodeTree == NULO)
retornar;
printf("%d ", nodeTree->item);
Print_Pre_order(nodeTree->left_ptr);
Print_Pre_order(nodeTree->right_ptr);
}
int principal()
{
estrutura nodeTree* raiz = newNodeTree(P);
root->left_ptr = newNodeTree(Q);
root->right_ptr = newNodeTree(R);
root->left_ptr->left_ptr = newNodeTree(S);
root->left_ptr->left_ptr->right_ptr = newNodeTree(Y); root->left_ptr-
>left_ptr->left_ptr = newNodeTree(X); root->right_ptr->right_ptr =
newNodeTree(W);
printf("\nA travessia de pré-pedido da árvore binária é\n");
Print_Pre_order(raiz);
printf("\nA travessia em_ordem da árvore binária é \n");
Print_In_order(raiz);
printf("\nA travessia pós-pedido da árvore binária é\n");
Print_Post_order(raiz);
retornar 0;
}
```

SAÍDA

A travessia de pré-pedido da árvore binária é
PQSXYRW
A travessia In_order da árvore binária é
XSYQPRW
A travessia pós-pedido da árvore binária é
XSYQPRW

5.4 Árvore de pesquisa binária

A árvore de pesquisa binária (BST) é um caso especial de árvore binária. Na árvore de pesquisa binária, cada nó segue a propriedade binária com a restrição de que os dados de cada nó sejam maiores que todos os dados dos nós da subárvore esquerda e menores que todos os nós da subárvore direita. Todo o conceito de BST pode ser facilmente compreendido com a ajuda do exemplo mostrado na Figura 5.7. A subárvore esquerda "30" do nó raiz compreende os nós 15, 20, 21 e 28. Todos esses nós são inferiores ao valor do nó raiz. Existem nós 32,34, 35 e 50 na subárvore direita do nó raiz. Cada subárvore também segue repetidamente a restrição da árvore de pesquisa binária. Por exemplo, na subárvore esquerda dos nós raiz, 20 é a raiz da subárvore esquerda, e todos os elementos da subárvore esquerda são menores que 20, enquanto é menor que todos os elementos da subárvore direita (28, 21).O tempo necessário para procurar o item em uma árvore diminui substancialmente à medida que os nós em uma árvore de pesquisa binária são organizados. Quando procuramos um elemento, não precisamos passar por toda a árvore.

Recebemos uma indicação em cada nó sobre qual subárvore estamos procurando. Por exemplo, sabemos que precisamos apenas varrer a subárvore esquerda da árvore fornecida; se tivermos que procurar 28 primeiro, teremos que comparar o 28 com o nó raiz, que é menor que a raiz. Ao comparar, removemos diretamente a pesquisa da subárvore direita porque todos os elementos são maiores que o nó raiz na subárvore direita. Agora passamos para a subárvore esquerda e a comparamos com 20. 20 é menor que 28, então passamos para a subárvore direita e obtivemos 28. A pesquisa pode ser feita em um array ordenado em tempo O(logN), mas é muito caro fazer inserções ou exclusões. No entanto, é mais fácil inserir e excluir itens em uma lista vinculada, mas a pesquisa do item é feita em tempo O(n).

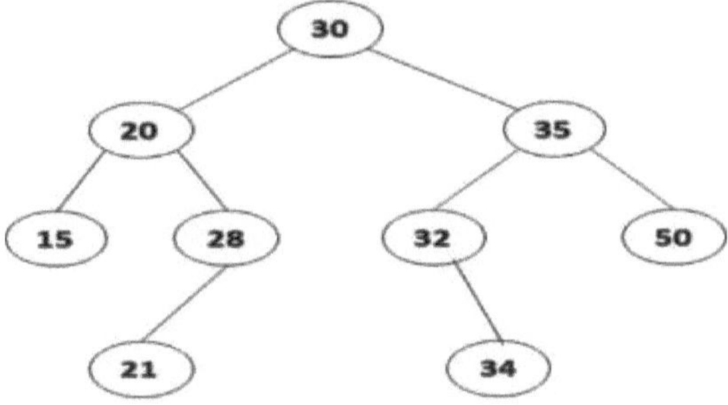

Figure 5.7 Shows the Example of Binary Search Tree

Resumindo, uma árvore de pesquisa binária possui as seguintes características:

• A subárvore esquerda de um nó raiz inclui valores abaixo do valor da raiz.

• A subárvore direita do nó raiz contém valores maiores que o valor da

83

raiz.

• A subárvore esquerda do nó raiz contém valores menores que o valor da raiz.

• Essas condições são atendidas pelas árvores binárias esquerda e direita, o que significa que as árvores binárias de busca são iguais.

As seguintes operações são realizadas em uma árvore de pesquisa binária:

1. Procurar
2. Inserção
3. Eliminação.

5.4.1 Operação de Busca no BST

A função de pesquisa pode ser usada para determinar se um determinado valor é encontrado ou não na árvore. O processo de pesquisa começa na raiz. A primeira função testa se a árvore de pesquisa binária está vazia. Se estiver vazio, a árvore não tem o valor que procuramos. Isto significa que o procedimento de pesquisa termina com uma mensagem correspondente. Mas se os nós estiverem na árvore, a função de pesquisa avalia se o valor do nó atual é igual a

o valor da pesquisa. Caso contrário, verifica se um valor é inferior ao valor pesquisado; nesse caso, o nó filho da esquerda deve ser chamado recursivamente. Se o valor for maior que o valor do nó atual, o nó filho certo deve ser corrigido. A árvore de pesquisa binária é usada para a operação de pesquisa com complexidade de tempo O (log n). O algoritmo de busca no BST é mostrado no algoritmo 5.4:--

Algoritmo 5.4: Pesquisando na Árvore de Pesquisa Binária----------------------------

Etapa 1: leia o elemento de pesquisa do usuário armazenado na variável de pesquisa.

Etapa 2: compara a pesquisa com o nó raiz.

Etapa 3: se ambos corresponderem, exiba "Dado nó encontrado!!!" e saia do método.

Etapa 4: se nenhum deles corresponder, veja se o elemento de pesquisa é maior ou menor que o valor.

Etapa 5: continua a pesquisa na subárvore esquerda se encontrar um elemento de pesquisa menor.

Etapa 6: A operação de pesquisa continuará na subárvore direita se o elemento de pesquisa for maior.

Etapa 7: Repita até localizarmos o elemento exato ou completarmos um nó folha.

Etapa 8: "Elemento descoberto" é exibido quando alcançamos um nó de pesquisa e o método termina.

Etapa 9: quando estivermos no nó folha e ele não corresponder, notaremos "Elemento não encontrado" e a função terminará.

5.4.2 Operação de Inserção no BST

A função Insert é usada para adicionar um nó na árvore de pesquisa binária com um valor fornecido. Adicionar o nó no local correto não significa que o novo nó quebra as propriedades da árvore de pesquisa binária. O algoritmo para inserir um valor especificado em uma árvore binária de busca é mostrado no Algoritmo 5.5. O início é semelhante à função de pesquisa da função de inserção. Determinamos primeiro a posição correta para a inserção e, em seguida, adicionamos o nó a esse local. A função insert modifica a estrutura da árvore. Assim, o método deve retornar o novo ponteiro da árvore quando a função insert for executada recursivamente.

Inserir operação com complexidade de tempo O(log n) na árvore binária de busca. O nó é constantemente inserido como um nó folha em árvores binárias de busca.

Algoritmo 5.5: Inserção na Árvore de Pesquisa Binária

Passo 1: Examine se o BST está VAZIO ou NÃO.

Passo 2: Se a árvore não estiver vazia, use a função de busca para localizar o nó a ser colocado.

Etapa 3: repita as etapas 4 a 5 até chegar ao nó folha.

Passo 4: Vá para o link direito do nó raiz se o valor do nó a ser inserido for maior que o valor do nó raiz.

Passo 5: Se o valor do nó a ser inserido for menor que o valor do nó raiz, vá para o link esquerdo do nó raiz.

Passo 6: Se o valor do nó folha adquirido for superior ao valor do nó a ser inserido, coloque-o no ponteiro esquerdo; caso contrário, coloque-o no ponteiro direito.

5.4.3 Operação de exclusão no BST

A exclusão de um nó em uma árvore de pesquisa binária tem 3 casos: Se o nó a ser excluído não tiver filho, exclua esse nó diretamente sem alterar o BST restante. Se o nó a ser excluído tiver apenas um filho (pode ser filho esquerdo ou filho direito), eles excluem o nó colocando sua subárvore nesse local. Se o nó a ser excluído tiver dois filhos, substitua o nó por seu elemento sucessor em ordem. A complexidade de tempo do processo de exclusão no BST é O (log n). O Algoritmo 5.6 mostra as várias etapas da operação de exclusão. --

Algoritmo 5.6: Exclusão na Árvore de Pesquisa Binária

Passo 1: Examine se o BST está VAZIO ou NÃO.

Passo 2: Se a árvore não estiver vazia, procure o nó que precisa ser removido.

Etapa 3: Repita as etapas 4 a 5 até identificarmos o nó que precisa ser removido.

Passo 4: Se o valor do nó a ser inserido for maior que o valor do nó raiz, vá para o link direito do nó raiz.

Passo 5: Se o valor do nó a ser inserido for menor que o valor do nó raiz, vá para o link esquerdo do nó raiz.

Etapa 6: Se o nó a ser removido não tiver filhos, exclua-o diretamente.

Etapa 7: Substitua o nó por sua subárvore se o nó a ser removido tiver apenas um filho.

Etapa 8: Substitua o nó a ser removido pelo sucessor BST em ordem desse nó com suas subárvores, se ele tiver dois filhos.

O Programa 5.2 mostra a implementação das diversas operações da árvore de busca binária.

Programa 5.2: Programa para demonstrar a operação básica da árvore de pesquisa binária --

```
#include <stdio.h>
#include <stdlib.h> estrutura nodeBST {
item interno;
estrutura nodeBST *right_ptr;
estrutura nodeBST *left_ptr;
};
struct nodeBST* find(struct nodeBST *rootBST, elemento int) {
if(rootBST == NULL || rootBST->item == elemento)
retornar rootBST;
senão if(elemento > rootBST->item)
retornar encontrar(rootBST->right_ptr, elemento);
outro
retornar encontrar (rootBST-> left_ptr, elemento);
}
estrutura nodeBST* find_minimum(estrutura nodeBST *rootBST)
{
if(rootBST == NULO)
retornar NULO;
senão if(rootBST->left_ptr != NULL)
retornar find_minimum(rootBST->left_ptr);
outro
retornar rootBST;
}
estrutura nodeBST* new_nodeBST(elemento int)
```

```c
{
estrutura nodeBST *p;
p = malloc(sizeof(struct nodeBST));
p->item = elemento;
p->esquerda_ptr = NULO;
p->right_ptr = NULO;
retornar p;
}
struct nodeBST* inserção(struct nodeBST *rootBST, elemento int)
{
if(rootBST==NULO)
retornar novo_nodeBST(elemento);
senão if(elemento > rootBST->item)
rootBST->right_ptr = inserir(rootBST->right_ptr, elemento);
outro
rootBST->left_ptr = inserir(rootBST->left_ptr,elemento);
retornar rootBST;
}
struct nodeBST* delete(struct nodeBST *rootBST, elemento int)
{
if(rootBST==NULO)
retornar NULO;
if (elemento > rootBST->item)
rootBST->right_ptr = deletar(rootBST->right_ptr, elemento);
senão if(elemento <rootBST->item)
rootBST->left_ptr = deletar(rootBST->left_ptr, elemento);
outro
{
if(rootBST->left_ptr == NULL && rootBST->right_ptr == NULL) {
grátis(rootBST);
retornar NULO;
}
senão if(rootBST->left_ptr == NULL || rootBST->right_ptr == NULL) {
estrutura nodeBST *temp;
if(rootBST->left_ptr == NULO)
temp = rootBST->right_ptr;
outro
temp = rootBST->left_ptr;
grátis(rootBST);
```

```
temperatura de retorno;
}
outro
{
struct nodeBST *temp = find_minimum(rootBST->right_ptr);
rootBST->item = temp->item;
rootBST->right_ptr = deletar(rootBST->right_ptr, temp->item);
}
}
retornar rootBST;
}
void in_order(estrutura nodeBST *rootBST)
{
if (rootBST! = NULO)
{
in_order(rootBST->left_ptr);
printf("%d", rootBST->item);
in_order(rootBST->right_ptr);
}
}
int principal()
{
estrutura nodeBST *rootBST;
rootBST = novo_nodeBST(20);
inserir(raizBST,6);
inserir(raizBST,2);
inserir(raizBST,16);
inserir(raizBST,10);
inserir(raizBST,8);
inserir(raizBST,13);
inserir(raizBST,31);
inserir(raizBST,26);
inserir(raizBST,41);
inserir(raizBST, 46);
inserir(raizBST, 43);
in_order(rootBST);
printf("\n");
rootBST = excluir(rootBST, 2);
rootBST = excluir(rootBST, 41);
```

```
rootBST = excluir(rootBST, 46);
rootBST = excluir(rootBST, 10);
in_order(rootBST);
printf("\n");
retornar 0;
}
```

SAÍDA

```
- 6 - 8 -- 1 -- 3 1 --- 6 2 -- 6 3 --- 1 4 -- 3----------------------------------------------
```

5.5 Árvores binárias completas

Uma árvore binária completa é uma árvore binária que atende a duas características. Primeiro, cada nível está totalmente preenchido. Em segundo lugar, cada nó deve ter apenas dois filhos ou nenhum filho. Em uma árvore binária completa T_n, exatamente n nós e níveis internos seguem, o nível 'r' possui nós de (2r - 1). O nível 0 possui nós de $2*0 = 1$; o nível 1 possui nós de $2*1 = 2$; o nível 2 tem nós de $2*2 = 4$. A fórmula pode ser expressa como - se K for o nó pai, o filho esquerdo pode ser calculado como $2 * K$ e o filho direito como $(2*K + 1)$. Os filhos do nó 4 são 8 (2 x 4) e 9 (2 x 4 + 1), respectivamente. Da mesma forma, o nó pai K pode ser calculado como | K/2 |. O pai do Nó 4 pode ser determinado na forma de | 4/2 | = 2. A altura de uma árvore T_n com exatamente n nós é dada como $H_n =$ | log2 (n + 1) |. Se uma árvore T tem 10.00.000 nós, sua altura é 21. A Figura 5.8 mostra o exemplo de uma árvore binária completa onde cada nível é completamente preenchido.

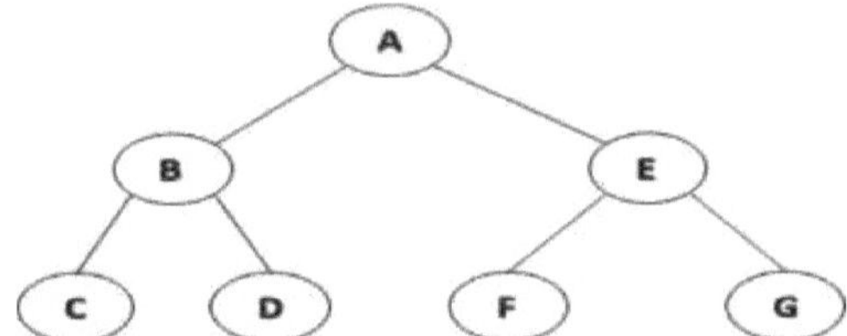

Figura 5.8 Mostra o exemplo de Árvore Binária Completa

5.6 Árvores binárias completas

Uma árvore binária completa é uma árvore binária que atende a duas características. Primeiro, cada nível, exceto o último, é completamente preenchido. O penúltimo nível é preenchido da esquerda para a direita. Portanto, podemos dizer que todas as árvores binárias completas são árvores binárias completas, mas o contrário nem sempre é verdade. A Figura 5.9 mostra o exemplo de uma árvore binária completa onde os dois primeiros níveis são completamente preenchidos e o último nível tem apenas um nó colocado no local mais à esquerda.

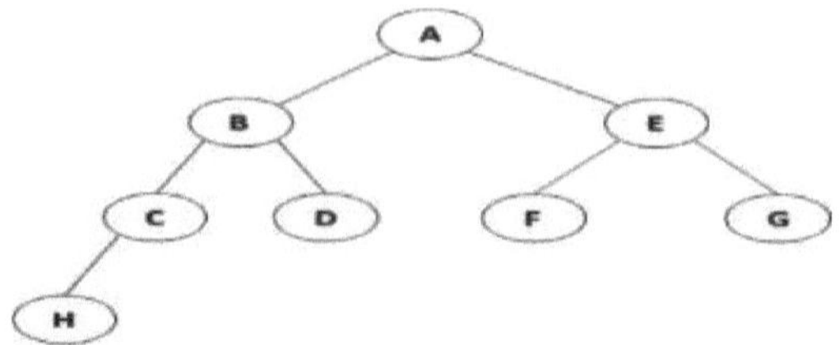

Figura 5.9 Mostra o exemplo de Árvore Binária Completa

5.7 Árvores binárias estritas

Uma árvore binária estrita é um caso especial de árvore binária onde cada nó pode ter apenas 2 ou 0 filhos. Isso significa que nenhum nó pode ter um filho. Cada nó interno tem dois filhos, e o nó folha sempre não tem nenhum filho. A Figura 5.10 mostra um exemplo de árvore binária estrita onde os nós A e B são nós internos com dois filhos e os nós D, E e C são nós internos com 0 filhos.

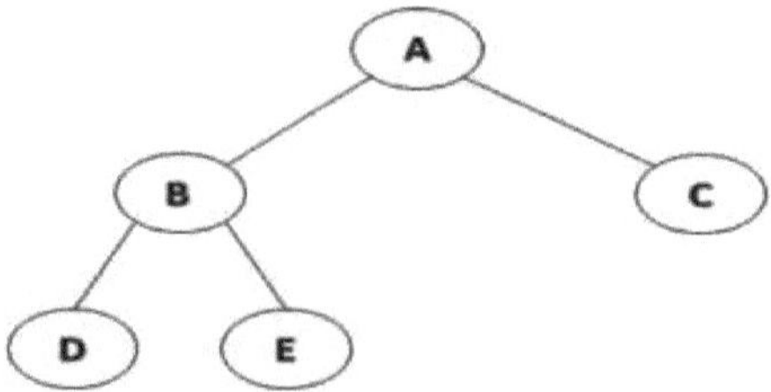

Figure 5.10 Shows the example of Strict Binary Tree

5.8 Árvore AVL

A árvore AVL foi criada por GM Adelson-Velsky & EM Landis em 1962, uma árvore de pesquisa binária com autoequilíbrio. Em homenagem aos seus inventores, a árvore é chamada de AVL. Em uma árvore AVL, é permitida uma diferença máxima de 1 altura em duas subárvores do nó. Devido a esse recurso, a árvore AVL é frequentemente chamada de árvore com equilíbrio de altura. O maior benefício do AVL é que leva tempo O(log n) para localizar, inserir e remover operações, em média, mas o pior é que a altura da copa da árvore é limitada a O (log n).

A estrutura da árvore AVL é igual a uma árvore de pesquisa binária, mas com diferenças específicas. O Fator de Equilíbrio armazena em sua estrutura uma variável auxiliar. Cada nó possui um fator de equilíbrio associado a ele. O nó para fator de equilíbrio é produzido excluindo sua subárvore direita da altura. A caixa de pesquisa binária de cada nó possui um fator de equilíbrio - 1, 0 ou 1 que é chamado para ser balanceado em altura. Um nó de equilíbrio alternativo é considerado desequilibrado e requer um rebalanceamento da árvore.

Fator de equilíbrio = Altura (subárvore esquerda) - Altura (subárvore direita)

• Quando o equilíbrio do fator do nó é 1, indica que a subárvore esquerda da árvore é maior que a subárvore direita. A árvore às vezes é chamada de árvore esquerda pesada.

• Se o fator de estabilidade de um nó for 0, implica que a subárvore esquerda (trilha mais longa na subárvore esquerda) é igual à altura da subárvore direita.

• Quando o fator de balanceamento de um nó é -1, significa que a subárvore esquerda da árvore está um nível abaixo da subárvore direita. Portanto, tal árvore é chamada de árvore pesada para a direita.

Se todos os nós presentes na árvore AVL tiverem um fator de equilíbrio -1 ou 0 ou 1, então a árvore binária será balanceada em altura e seguirá as restrições AVL. Se a inserção ou remoção de um elemento puder aumentar o fator de equilíbrio, então ele não obedece à restrição AVL. Para converter o fator de equilíbrio no intervalo da árvore AVL, temos que realizar a rotação. Na árvore AVL, temos quatro rotações para equilibrar a árvore AVL, mostrada na Figura 5.6. Todas essas quatro rotações são baseadas na posição do nó de desequilíbrio. Se o desequilíbrio ocorrer no nó devido à inserção à esquerda do filho esquerdo do nó, teremos que aplicar a rotação LL. Se ocorreu desequilíbrio no nó durante a inserção do novo nó à direita do filho certo, teremos que aplicar a rotação RR. Se ocorreu desequilíbrio devido à inserção do nó à direita do filho esquerdo do nó, então temos que aplicar a rotação LR. Por último, a rotação RL é aplicada quando ocorre desequilíbrio à esquerda do filho direito do nó.

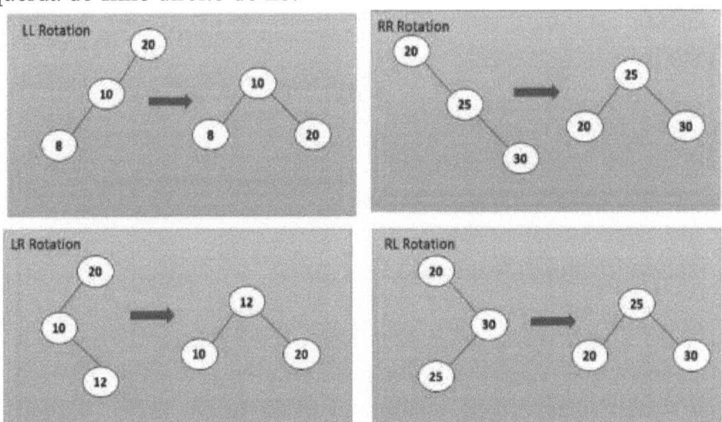

Figura 5.11 Rotações da árvore AVL.

Toda a operação da árvore AVL é igual à do BST, com a restrição de altura mantida em mente. Algumas das operações básicas da árvore AVL são discutidas abaixo:

1. Procurar
2. Inserção
3. Eliminação

5.8.1 Procurando um nó em uma árvore AVL

A busca em uma árvore AVL ocorre exatamente como em uma árvore de busca binária. A operação de busca leva tempo O(log n) para ser concluída devido ao balanceamento de altura da árvore. Não são necessárias disposições específicas, uma vez que o procedimento não altera a estrutura da árvore.

5.8.2 Inserindo um novo nó em uma árvore AVL

A adição a uma árvore AVL também será feita como em uma árvore de pesquisa binária. O novo nó como nó folha é sempre colocado na árvore AVL. No entanto, uma etapa adicional de rotação geralmente segue a etapa de inserção. O equilíbrio da árvore é restaurado pela rotação. Mas se a inserção do novo nó não alterar o fator de equilíbrio, ou seja, se o fator de equilíbrio de cada nó ainda permanecer - 1, 0 ou 1, as rotações não serão necessárias.

Quando o novo nó for inserido como nó folha, sempre será colocado um fator de balanceamento igual a zero. Os únicos nós que mudarão seus fatores de equilíbrio são aqueles que ficam no caminho entre a raiz da árvore e o nó mais novo. As possíveis alterações que podem ocorrer em qualquer nó do caminho são:

• Os nós estavam à esquerda ou à direita no início e são equilibrados após a inserção.

• O nó foi inicialmente balanceado e depois pesado para a esquerda ou para a direita depois de inserido.

• O nó era inicialmente pesado (esquerdo ou direito) e na subárvore pesada um novo nó foi introduzido gerando uma vegetação rasteira irregular. Diz-se que este nó é um nó chave.

5.8.3 Excluindo um nó de uma AVL

Excluir um nó em uma árvore AVL é como excluir árvores binárias de pesquisa. Mas a exclusão pode danificar o fator de equilíbrio da árvore; portanto, temos que realizar rotações para reequilibrar a árvore AVL. Após a exclusão de um nó específico, quatro classes de rotação podem ser feitas em uma árvore AVL. As rotações são rotação RR, RL, LL e LR. Quando o nó X é excluído da árvore AVL, se o nó A for um nó crucial, o tipo de rotação depende da subárvore esquerda do X ou da subárvore direita se estiver no caminho para o nó raiz que não tem o equilíbrio de 1, 0 ou -1.

Vamos entender o conceito de árvore AVL com a ajuda do exemplo mostrado na Figura 5.20. Inicialmente a inserção dos nós 89 e 21 são inseridos como

BST. Quando ocorreu a inserção do nó 5, devido à inserção, ocorreu o desequilíbrio no nó 89 cujo fator de equilíbrio passa a ser 2. O desequilíbrio ocorreu devido à inserção à esquerda do filho esquerdo de 89, portanto, a rotação LL é aplicada para reequilibrar a árvore. Após a inserção de 5 não há problema nas inserções de 84, 4,11 e 19 esses nós são inseridos diretamente de forma semelhante ao BST. Depois disso, quando tentamos inserir o nó 18, ocorre um desequilíbrio no nó 11 e o fator de balanceamento do nó 11 é -2. Realizamos rotação RL para resolver o desequilíbrio. Depois de realizar o balanceamento, obtemos a árvore AVL balanceada onde os nós 4, 11, 19 e 84 são nós folha com fator balanceado 0. Os nós 21 e 89 deixaram a subárvore pesada com fator balanceado 1, enquanto o nó 5 tem a subárvore direita pesada com -1 balanceado fator.

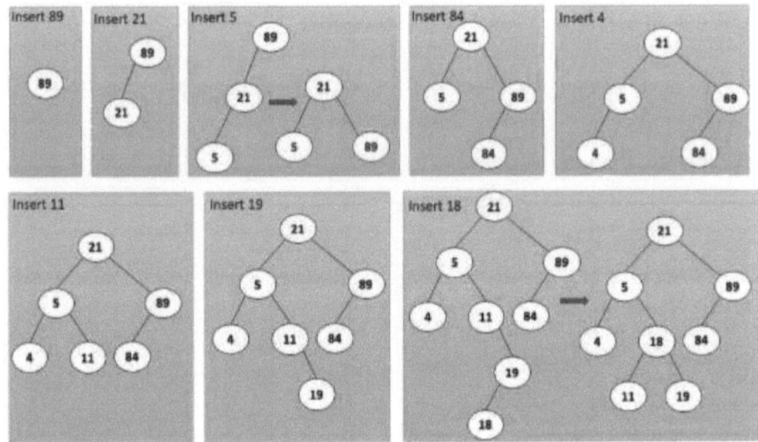

Figura 5.20 Inserção de nós na árvore AVL

O Programa 5.3 mostra a implementação das operações básicas da árvore AVL. Possui as funções individuais de cada operação e é chamado a partir da função principal. Para imprimir a saída, implementamos o percurso de pré-pedido.

Programa 5.3: Programa para inserir um nó na árvore AVL

```
#include<stdio.h>
#include<stdlib.h>
estrutura NodeAVL
```

```c
{
dados internos;
estrutura NodeAVL *left_ptr;
estrutura NodeAVL *right_ptr;
altura interna;
};
int max_of_two(int a, int b);
altura interna (estrutura NodeAVL *P)
{
se (P == NULO)
retornar 0;
retornar P->altura;
}
int max_of_two(int x, int y)
{
retornar (x > y)? x : y;
}
estrutura NodeAVL* newNodeAVL(int dados)
{
struct NodeAVL* NodeAVL = (struct NodeAVL*) malloc(sizeof(struct
NodeAVL));
NodeAVL->dados = dados;
NodeAVL->left_ptr = NULL;
NodeAVL->right_ptr = NULL;
NóAVL->altura = 1;
retornar(NóAVL);
}
estrutura NodeAVL *right_ptr_Rotate(estrutura NodeAVL *y)
{
estrutura NodeAVL *x = y->left_ptr;
estrutura NodeAVL *T2 = x->right_ptr;
x->direita_ptr = y;
y->esquerda_ptr = T2;
y->altura = max_of_two(height(y->left_ptr), height(y->right_ptr))+1;
x->altura = max_of_two(altura(x->left_ptr), altura(x->right_ptr))+1;
retornar x;
}
estrutura NodeAVL *left_ptr_Rotate(estrutura NodeAVL *x)
{
```

```c
estrutura NodeAVL *y = x->right_ptr;
estrutura NodeAVL *T2 = y->left_ptr;
y->esquerda_ptr = x;
x->direita_ptr = T2;
x->altura = max_of_two(altura(x->left_ptr), altura(x->right_ptr))+1;
y->altura = max_of_two(height(y->left_ptr), height(y->right_ptr))+1;
retornar y;
}
int get_Balance(estrutura NodeAVL *P)
{
se (P == NULO)
retornar 0;
retornar altura(N->esquerda_ptr) - altura(N->direita_ptr);
}
struct NodeAVL* insert(struct NodeAVL* NodeAVL, dados int)
{
if (NodeAVL == NULO)
return(newNodeAVL(dados));
if (dados <NodeAVL->dados)
NodeAVL->left_ptr = inserir(NodeAVL->left_ptr, dados);
senão if (dados > NodeAVL->dados)
NodeAVL->right_ptr = inserir(NodeAVL->right_ptr, dados);
outro
retornar NodeAVL;
NodeAVL->altura = 1 + max_of_two(height(NodeAVL->left_ptr),
height(NodeAVL->right_ptr));
int saldoAVL = get_Balance(NodeAVL);
if (balanceAVL > 1 && dados <NodeAVL->left_ptr->data) return
right_ptr_Rotate(NodeAVL);
if (balanceAVL < -1 && dados > NodeAVL->right_ptr->dados) return
left_ptr_Rotate(NodeAVL);
if (balanceAVL > 1 && dados > NodeAVL->left_ptr->dados)
{
NodeAVL->left_ptr = left_ptr_Rotate(NodeAVL->left_ptr); retornar
right_ptr_Rotate(NodeAVL);
}
if (balanceAVL < -1 && dados <NodeAVL->right_ptr->dados)
{
NodeAVL->right_ptr = right_ptr_Rotate(NodeAVL->right_ptr); retornar
```

```c
left_ptr_Rotate(NodeAVL);
}
retornar NodeAVL;
}
void pre_Order(estrutura NodeAVL *rootAVL)
{
if (rootAVL! = NULO)
{
printf("%d ", rootAVL->dados);
pre_Order(rootAVL->left_ptr); pre_Order(rootAVL->right_ptr);
}
}
int principal()
{
estrutura NodeAVL *rootAVL = NULL;
rootAVL = inserir(rootAVL, 89);
rootAVL = inserir(rootAVL, 21);
rootAVL = inserir(rootAVL, 5);
rootAVL = inserir(rootAVL, 84);
rootAVL = inserir(rootAVL, 4);
rootAVL = inserir(rootAVL, 11);
rootAVL = inserir(rootAVL, 19);
rootAVL = inserir(rootAVL, 18);
printf("A árvore AVL gerada é percorrida em pré-ordem. \n");
pré_pedido(rootAVL);
retornar 0; }
```

SAÍDA

A árvore AVL gerada é percorrida em pré-ordem.
21 5 4 18 11 19 89 84

5.9 Pilha Máxima

A estrutura de dados heap é uma estrutura de dados não linear construída em uma árvore binária. Heap é uma árvore binária especialmente caracterizada. Os nós são organizados de acordo com o valor na estrutura de dados heap. Um monte de dados chamado Binary Heap Às vezes.Os dados de heap Max consistem em uma estrutura de dados de árvore binária completa. O heap máximo tem a seguinte definição. Max heap é uma árvore binária completamente especializada com valor maior e valor equivalente do que seus nós filhos em cada nó pai. A Figura 5.21 mostra a inserção do heap máximo onde o nó 18 é inserido diretamente no heap. O nó 25 é inserido e a comparação com root será trocada com root devido ao valor máximo. Depois disso, 17, 11 e 9 são inseridos diretamente sem troca porque segue a propriedade max heap. Quando inserimos o nó 20 como um nó filho do nó 17, ele falha na propriedade max heap, então temos que reaproveitar o heap e 20 se torna o pai do nó 17.

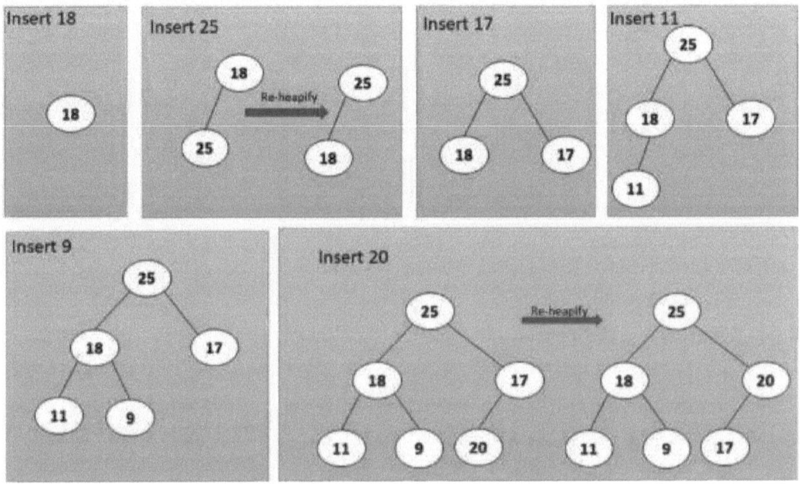

Figura 5.21 Construção do Max Heap

A Figura 5.22 mostra a exclusão do nó no Max heap. Em cada exclusão de nó, temos que trocar o nó excluído pelo último nó folha, depois disso, temos que heapificar para obter o heap máximo. Como mostrado no exemplo, temos que excluir o nó raiz 25. Troque o nó raiz pelo último nó folha, ou seja, 17. Após a troca, o valor do nó raiz é menor e igual ao filho, então temos que executar a operação heapify para obter o pilha necessária. O Programa 5.4 mostra a operação básica do heap.

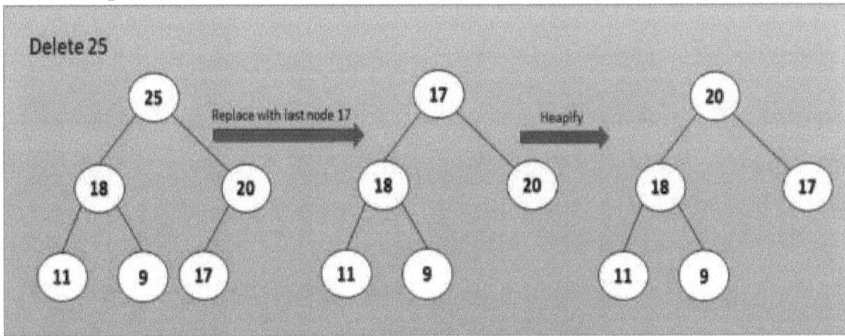

Figura 5.22 Exclusão no Max Heap

Programa 5.4: Programa para demonstrar operações de Heap

```c
#include<stdio.h>
temperatura interna;
void swap_greatest(int array[], int p, int i)
{
int maior = i;
int left_loc = 2*i + 1;
int right_loc = 2*i + 2;
if (left_loc<p&&array[left_loc] >array[greatest]) maior = left_loc;
if (right_loc< n &&array[right_loc] >array[greatest]) maior = right_loc;
se (maior! = i)
{
temp = matriz[i];
array[i] = array[maior];
array[maior] = temp;
swap_greatest(matriz, p, maior);
}
}
void heapify(int array[], int p)
{
for (int i = p / 2 - 1; i >= 0; i--) swap_greatest(array, p, i);
para (int i = p - 1; i >= 0; i--)
{
temp = matriz[0];
matriz[0] = matriz[i];
matriz[i] = temp;
swap_greatest(matriz, i, 0);
}
}
exibição interna(int matriz[], int p)
{
for(int i = 0; i <p; i++)
{
printf("%d ", matriz[i]);
}
}
int principal()
{
int p, eu;
```

```
scanf("%d",&p);
matriz interna[p];
para(eu = 0; eu <p; eu++)
{
scanf("%d", &matriz[i]);
}
heapify(matriz, p);
exibir(matriz, p);
}
```

SAÍDA

Saída - 9 11 17 18 20 25

5.10 Árvore B

A árvore B é uma árvore M-way, criada por Rudolf Bayer e Ed McCreight para acesso ao disco em 1970. Uma árvore B pode ter tantas chaves quanto possível para suas subárvores com indicadores m-1 e m. A árvore B pode ter vários valores-chave e indicadores de subárvore. A altura da árvore permanece muito pequena enquanto armazena um grande número de chaves em um único nó. A árvore AB é projetada para armazenar dados classificados e permite operações de pesquisa, inserção e exclusão logaritmicamente amortizadas. O m é a ordem da árvore B com todas as características da árvore de busca M-way. Possui as seguintes características:

1.   No máximo (máximo) m filhos são encontrados em cada nó da árvore B.

2.   Cada nó B na árvore tem (mínimo) m/2 filhos, salvando os nós raiz e folha. O caminho desde o nó raiz é muito curto. Uma árvore é muito espessa.

3.   Existem pelo menos dois filhos se o nó raiz não for terminal (folha).

4. Todos os nós folha contêm os mesmos níveis. O nó B interno pode ter n filhos, onde £0 nm é gasto. os sem filhos. Nem todos os nós têm os mesmos filhos, mas apenas pelo menos m/2 filhos devem estar presentes no nó.

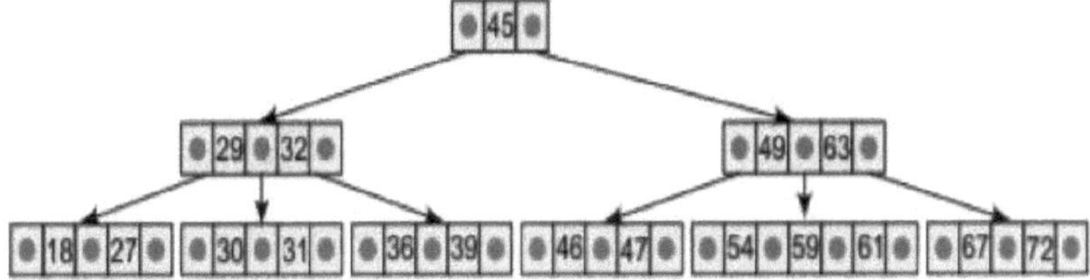

Figura 5.23Mostra o exemplo da árvore B de ordem 4

5.11 Árvore B+

A árvore B+ é uma variação da árvore B que armazena os dados classificados para efetivamente inserir, localizar e excluir os registros de uma forma determinada pela chave. A árvore B, por outro lado, mantém todos os registros no nível folha, a árvore B+ pode manter as chaves e registros em seus nós internos; apenas as chaves dentro da árvore são preservadas. Os itens de folha da árvore B+ geralmente estão vinculados na lista vinculada. Isso também se beneficia ao fazer consultas de maneira eficiente e conveniente. As árvores B+ são utilizadas para reabastecer uma grande quantidade de informações não armazenadas na memória principal. As árvores B+ são mantidas no armazenamento secundário do disco magnético enquanto os nós internos das árvores são salvos na memória principal. Para árvores B+, os dados são armazenados apenas em nós folha. Os nós de índice ou inodes são chamados de todos os outros nós (nós internos). Isso nos permite percorrer a árvore desde a raiz até o nó no qual os dados necessários estão armazenados.

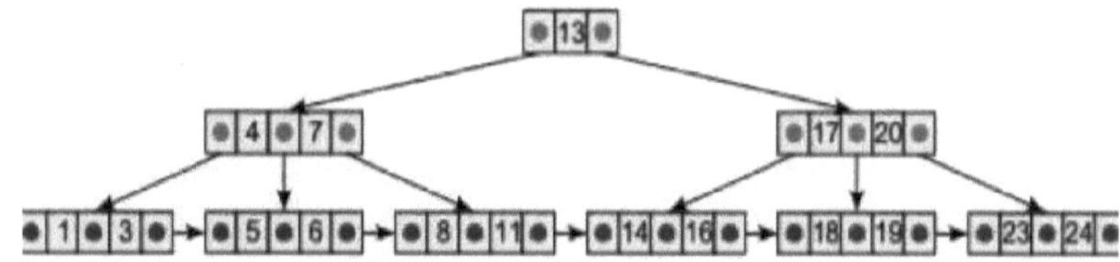

Figura 5.24 Mostra o exemplo da árvore B+ de ordem 3

Devido à simplicidade da estrutura em árvore B+, vários sistemas de banco de dados são implementados. A árvore é sempre balanceada e facilita a busca de dados simplesmente porque todos os dados que aparecem nos nós folha são ordenados. Uma árvore B+ é um índice multinível no qual um índice denso é criado por folhas e os nós não-folha formam um índice esparso. As árvores B+ podem ter as seguintes vantagens:

1.   Registros no mesmo número de acessos ao dick podem ser buscados
2.   A ampla gama de demandas pode ser facilmente aproveitada, pois as folhas estão ligadas aos nós superiores.
3.   A altura da árvore é menor e equilibrada
4.   Permite acesso a registros aleatórios e sequenciais
5.   Chaves de indexação são usadas.

5.12 Floresta

A floresta é uma coleção de árvores disjuntas. Podemos também dizer, por outras palavras, que a floresta é uma coleção de acíclicos não-conectados. a representação pictórica de uma floresta é mostrada na Figura 5.25.

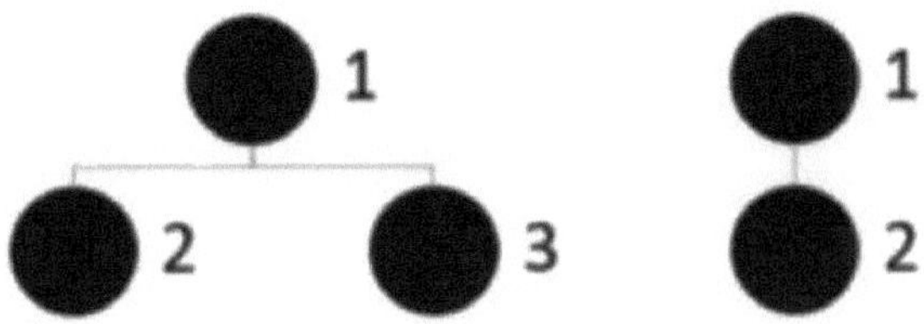

Figura 5.25 Floresta

Você pode ver aqui que o exemplo não possui uma árvore conectada. Um exemplo de estrutura de dados florestais também são árvores únicas e gráficos vazios.

5.12.1 Usos da Estrutura de Dados Florestais

a) Sites de redes sociais

Além da representação de dados, sites de redes sociais, LinkedIn, Twitter, etc. estão empregando estrutura de dados em árvore e gráfico. Construímos uma floresta de duas pessoas quando você junta duas pessoas ao amigo.

b) Big Data e Web Scrapers

Os sites são organizados na forma de uma estrutura de dados em árvore para construir o nó raiz da página principal e mostrar o resto da árvore nos hiperlinks a seguir. Quando Web Scrapers eliminam vários desses sites, eles são representados por várias árvores florestais.

c) Armazenamento do sistema operacional

Podemos ver vários discos em sistemas como unidade C (C:\), unidade D (D:\), etc. quando você opera em um sistema operacional baseado em Windows. Cada unidade pode ser considerada como diversas árvores e como uma coleção florestal.

CAPÍTULO 6

GRÁFICOS

6.1 Introdução aos Gráficos

O gráfico é uma estrutura de dados abstrata usada para implementar conceitos matemáticos de gráficos. Basicamente, o gráfico possui duas entidades, Vértices e Arestas. Os vértices (também nós) representam entidades ou itens e as arestas ligam esses vértices para mostrar o relacionamento entre os vértices do gráfico. O gráfico é frequentemente visto como uma generalização da estrutura da árvore onde qualquer relacionamento complexo pode ocorrer, em vez de ser puramente pai-filho entre os nós da árvore.

Os gráficos são frequentemente usados para modelar qualquer situação em que entidades ou coisas estão ligadas em pares. Por exemplo, os gráficos podem mostrar as seguintes informações:

• Árvores genealógicas onde cada um dos nós de seus filhos tem uma borda pai.

• Redes de transporte onde aeroportos, cruzamentos, portos, etc. são nós. As fronteiras podem ser companhias aéreas, rotas de mão única, rotas de transporte e assim por diante.

• Redes sociais onde a pessoa pode ser representada como vértices e as relações entre as pessoas são mostradas com a ajuda de arestas.

• O marketing social online é um dos melhores exemplos de gráfico onde os itens são representados como vértices e relacionamento entre os itens representados com o auxílio de arestas entre eles.

Um grafo G é descrito como um conjunto ordenado (V, E), onde um conjunto de vértices é definido por V(G), as arestas que ligam tais vértices são representadas em E(G). A Figura 6.1 mostra um gráfico com V(G) = {P, Q, R, S, T, U} e E(G) = {(P, Q), (P, R), (P, S), (Q, S), (Q, T), (R, U), (S, U), (T, U)}. Observe que o gráfico contém 6 vértices ou nós e 8 arestas.

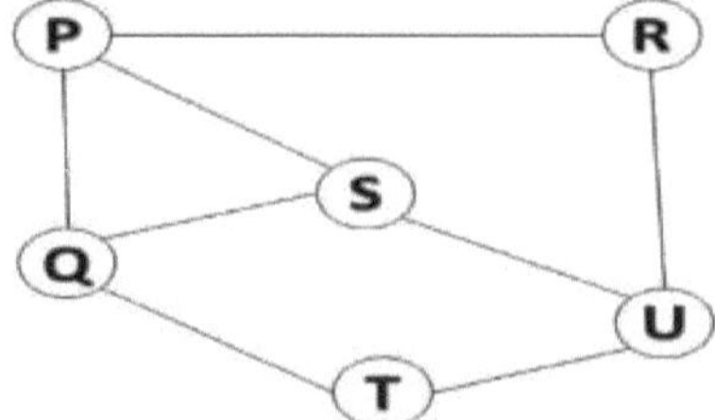

Figura 6.1 Um exemplo de gráfico simples com 6 vértices e 8 arestas

6.2 Classificação do Gráfico

Existem dois tipos de gráfico:

* Gráficos não direcionados: as arestas não têm direção.
* Gráficos direcionados: as arestas têm direção.

6.2.1 Gráficos não direcionados

O conjunto finito da forma (u, v) par ordenado denominado arestas, onde uev são vértices de um gráfico. O par está ordenado porque, em um determinado gráfico, (u, v) não é como (v, u) (di-grafo). O par (u, v) mostra que existe uma aresta entre o vértice u e o vértice v. Peso/valor/custo pode estar nas arestas. Os gráficos representam vários usos na vida real: São utilizados gráficos de representação de rede. Então as redes podem incluir caminhos para uma cidade, uma rede de telefones e circuitos. Em redes sociais como LinkedIn e Facebook, gráficos também são usados. Por exemplo, cada pessoa no Facebook é mostrada com um vértice (ou nó). Um nó é uma estrutura que possui identificação, nome e informações locais. A Figura 6.2 mostra um exemplo de gráfico não direcionado de 5 verticais. Em gráficos não direcionados, as arestas representam o relacionamento bidirecional entre os vértices de conexão, como na rede de transporte, se duas cidades estiverem conectadas por uma estrada, então podemos nos mover em ambas as direções.

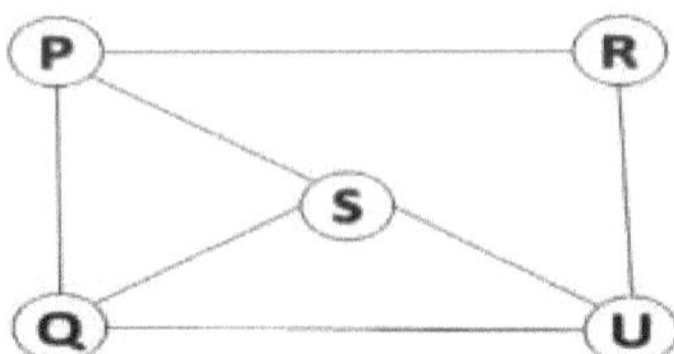

Figura 6.2Mostra um exemplo de gráfico não direcionado

6.2.2 Gráficos direcionados

Um gráfico direcionado é uma estrutura de dados que geralmente contém um conjunto de vértices V e um conjunto de arcos A, em que cada arco (ou aresta ou link) é um par ordenado de vértices (nós e comentários). Os arcos podem ser considerados setas que começam em um vértice e apontam exatamente entre si. A Figura 6.3 mostra o gráfico direcionado onde a seta mostra a direção. A direção mostra que só podemos nos mover na direção e não podemos atravessar na direção reversa.

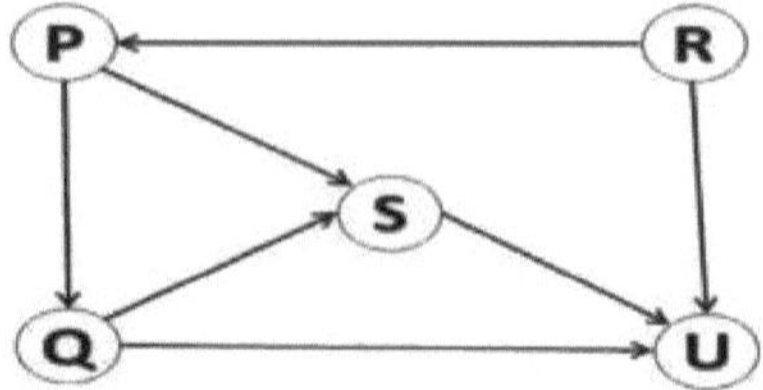

Figura 6.3Mostra um exemplo de gráfico direcionado

Um gráfico endereçado a G também é chamado de dígrafo. Uma aresta de gráfico direcional é fornecida como um par comandado (u, v) com nós de gráfico. Para uma aresta direcionada (u, v) refreada como.

*   A aresta começa em você e termina em v.

*   u é referido como origem da aresta ou ponto inicial. v também é conhecido como destino de borda ou ponto terminal.

*   você é o antepassado de v. v é o sucessor de você respectivamente.

*   Os nós uev são adjacentes.

6.3 Representação de Gráficos

Gráfico é uma estrutura de dados que é discutida assim. Logicamente o gráfico é representado conforme mostrado na Figura 6.1, mas na memória não podemos representar o gráfico na forma digaramática. Existem duas abordagens para armazenar o gráfico na memória do computador.

1.   Lista de Adjacências
2.   Matriz de adjacência

6.3.1 Lista de Adjacências

A lista de adjacências é uma das representações básicas do grafo na qual formamos a lista de todos os nós com seus nós adjacentes. É um método simples, útil para gráficos esparsos onde o número de links é menor. Suponha que temos um gráfico como mostrado na Figura 6.4 com sua lista de adjacências correspondente. Conforme mostrado no gráfico, o nó P está diretamente ligado aos nós Q, S e R, todos esses nós listados correspondem ao nó P.

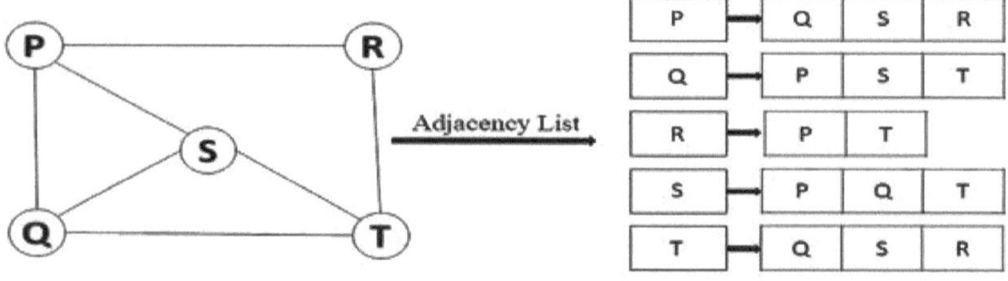

Figura 6.4Mostra a lista de adjacências do gráfico fornecido

6.3.2 Matriz de adjacência

Matriz de adjacência comumente usada para representação do gráfico. Se o gráfico contém um número N de nós, a representação da matriz de adjacência ocupa o espaço do espaço N x N para representar o gráfico. Geralmente é usado para gráficos densos onde o número de arestas no gráfico é maior. O gráfico com sua matriz de adjacência correspondente é mostrado na Figura 6.5. Na matriz de adjacência é colocado 0 correspondente ao par de nós que não possui ligação entre eles. Se houver aresta entre o par de nós, é representado colocando o 1 correspondente ao par.

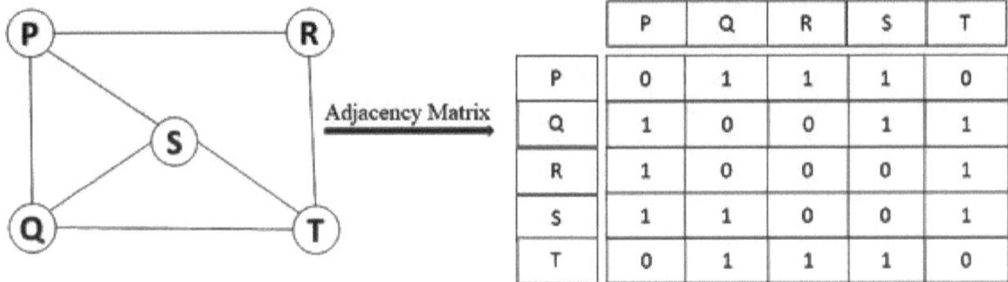

	P	Q	R	S	T
P	0	1	1	1	0
Q	1	0	0	1	1
R	1	0	0	0	1
S	1	1	0	0	1
T	0	1	1	1	0

Figura 6.5Mostra a Matriz de Adjacência do gráfico fornecido

6.4 Travessia do Gráfico

Traversal é um dos conceitos importantes do gráfico. A travessia do gráfico oferece uma maneira única de recuperar ou alcançar os vários nós do gráfico. Existem dois tipos de algoritmos de passagem de gráfico

- Primeira pesquisa em profundidade (DFS)
- Pesquisa em amplitude (BFS)

6.4.1 Primeira pesquisa em profundidade (DFS)

O algoritmo DFS estende o nó inicial do gráfico e continua mais profundamente até que o nó alvo ou nó filho seja identificado. O método vai até o último nó, que não foi totalmente investigado quando o beco sem saída é identificado. Suponha que o nó Pi seja o nó que inicia no DFS. Em seguida, cada nó é examinado ao longo do caminho que começa com P. Estamos processando vizinhos de P e assim por diante. Continuamos para um nó atual se encontrarmos um caminho com ânodo que foi processado durante a execução do algoritmo. O nó é o nó atual, caso contrário (não processado).

O algoritmo continua assim até um beco sem saída (fim do caminho P). Caminhamos de volta para encontrar outro caminho P' quando chegamos ao beco sem saída. As arestas que trouxeram um novo vértice neste algoritmo são conhecidas como arestas reveladoras, as arestas que vão para o vértice já visitado. Vale a pena notar que esta abordagem é semelhante a percorrer uma árvore binária em ordem. Ele usa a pilha como estrutura de dados para armazenar os nós vizinhos. Como sabemos que o único topo da pilha pode ser acessado por vez, então usando essa propriedade obtemos o dedeper até que ocorra o beco sem saída. O Algoritmo 6.1 mostra a travessia DFS do gráfico.

Algoritmo 6.1: Traversal de pesquisa em profundidade

Etapa 1: Para cada nó em um conjunto de gráficos Status = 1..

Etapa 2: Coloque um nó inicial em uma pilha e defina Status = 2 (Aguardando).

Etapa 3: até que a pilha esteja VAZIA Repita as etapas 4 e 5.

Etapa 4: abra o nó superior A, processe-o e defina Status = 3 (Processado).

Etapa 5: Empurre todos os vizinhos do nó A para a pilha cujo Status = 1 e Defina seu Status = 2 (Aguardando).

Etapa 6: SAIR

A Figura 6.6 mostra o percurso DFS do gráfico mostrado na Figura 6.1. Aqui tomamos P como um nó inicial para travessia DFS.

a.   Nó inicial: Empurre P para a pilha.

PILHA:P

b.   Pop, o elemento superior da STACK e PRINT, ou seja, P e empurre todos os vizinhos de P em uma pilha. Agora STACK PRINT:P STACK:Q, S, R

c.   Abra e imprima o elemento superior do STACK, ou seja, IQ e empurre todos os vizinhos de Q para a pilha que estão no estado pronto.

IMPRIMIR:Q PILHA:T, S, R.

d.   Pop e imprima o elemento superior de STACK, ou seja, T e empurre todos os vizinhos de T para a pilha que estão no estado pronto.

IMPRIMIR: PILHA T: U, S, R

e.   Pop e imprima o elemento superior de STACK, ou seja, U, empurre todos os vizinhos de U para a pilha que estão em estado pronto. STACK agora se torna PRINT:U STACK:S, R

f.   Abra e imprima o elemento superior da PILHA, ou seja, S. Empurre todos os vizinhos de S para a pilha que estão no estado pronto. Como não há vizinhos de S que estejam no estado pronto, nenhuma operação push é executada. O STACK agora se torna PRINT:S STACK:R

g.   Abra e imprima o elemento superior da PILHA, ou seja, R. Empurre todos os vizinhos de R para a pilha que estão no estado pronto. Como não há vizinhos de R que estejam no estado pronto, nenhuma operação push é executada. O STACK agora se torna PRINT:R STACK:

A pilha agora fica vazia.

A pesquisa em profundidade do gráfico G do nó P está concluída, então a PILHA agora está vazia, os nós que foram impressos são:

P, Q, T, U, S, R

Estes são os nós acessíveis através do nó P.

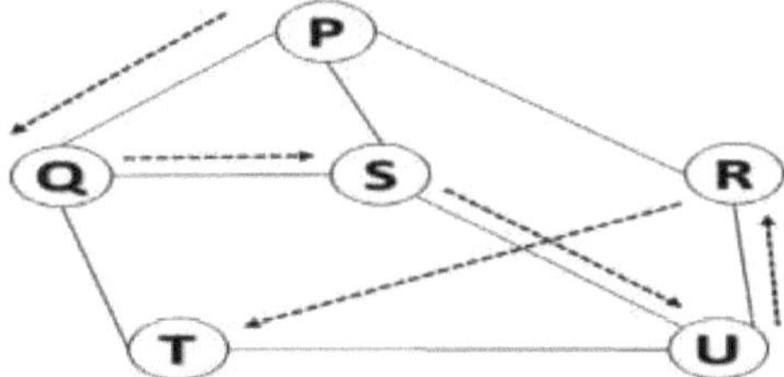

Figura 6.6 Travessia do Gráfico DFS

1) Recursos do algoritmo de pesquisa em profundidade

a) Complexidade espacial

Uma vantagem da busca em profundidade em relação à busca em largura é que a complexidade do espaço é menor.

b) Complexidade de tempo

A soma do número de vértices mais o número de arestas nos gráficos que foram pesquisados determina a complexidade de tempo de uma pesquisa em profundidade. A frase $(O(|V| + |E|))$ pode ser usada para representar a complexidade do tempo.

c) Completude

A pesquisa em profundidade é considerada um algoritmo completo. Independentemente do tipo de gráfico, a pesquisa em profundidade encontrará uma solução, se existir. No caso de uma rede infinita, onde não há solução, ela irá divergir.

d) Aplicações do algoritmo de pesquisa em profundidade

Uma pesquisa em profundidade é vantajosa para os seguintes propósitos:

- Encontrar um caminho entre 2 nós especificados, u e v, em uma rede não ponderada.
- Criando um caminho entre dois nós especificados em uma rede ponderada, u e v.
- Determinar se um gráfico está vinculado ou não.
- Cálculo da árvore geradora de um grafo conectado.

6.4.2 Pesquisa em amplitude (BFS)

BFS é um algoritmo para pesquisas gráficas começando no nó raiz, examinando todos os nós vizinhos. O algoritmo examina seus nós vizinhos inexplorados em busca de cada um dos nós mais próximos, e assim por diante, até descobrir seu objetivo. Começamos a olhar para o nó A e avaliar todos os vizinhos de A. Na próxima etapa, analisaremos os vizinhos de A, etc. Eles devem olhar para os vizinhos do nó e garantir que cada nó do gráfico seja processado e nenhum nó seja processado repetidamente. A fila mantém os nós para serem processados posteriormente e o Estado mostra os dados do nó. O Algoritmo 6.2 mostra a travessia BFS do gráfico fornecido.

Algoritmo 6.2: Traversal de pesquisa em amplitude

Etapa 1: Para cada nó em um conjunto de gráficos Status = 1..

Etapa 2: enfileirar o nó inicial em A e definir status = 2 (aguardando).

Etapa 3: até que a fila esteja VAZIA Repita as etapas 4 e 5.

Etapa 4: Retire o nó A da fila, processe-o e defina Status = 3 (Processado).

Etapa 5: enfileire todos os vizinhos do nó A na pilha cujo status = 1 e defina seu status = 2 (em espera).

Etapa 6: SAIR

A Figura 6.7 mostra o percurso BFS do gráfico mostrado na Figura 6.1. Ao executar um algoritmo, usamos dois arrays: QUEUE e ORIG. Embora QUEUE seja usado para rastrear fontes com nós em cada borda a ser processada. FRENTE = TRASEIRA = -1 no início. Este é o seguinte algoritmo:

(a) Adicione P a QUEUE e adicione NULL a ORIG.

FRENTE=0	FILA=P
TRASEIRA=	ORIG= \O

(b) O nó da fila para estabelecer FRONT = FRONT + 1 (remover o elemento FRONT de QUEUE) enfileira os vizinhos de P. Adicione P como o ORIG do vizinho.

FRENTE=1	FILA=P		P	S	R
TRASEIRA=	ORIG =\O		P	P	P

(c) FRONT = FRONT + 1 desenfileira o nó definindo vizinhos de Q. Inclua Q como o ORIG do vizinho.

FRONT=2	QUEUE=P		Q	S	R	T
REAR=4	ORIG =\O	P	P	P	Q	

(d) Para desenfileirar o nó e enfileirar o S vizinho, defina FRONT = FRONT +1. Adicione S no ORIG dos vizinhos. S tem quatro vizinhos P, Q, R e U. Observação. Como P, Q e R já foram adicionados à fila, não estamos prontos para adicionar P, Q e R.

FRONT=3	QUEUE=P	Q	S	R	T
	U				
REAR=5	ORIG =\O	P	P	P	Q
	S				

(e) Configure FRONT = FRONT + 1 para retirar da fila um nó e, em seguida, defina os vizinhos como R. Além disso, adicione R como o ORIG do vizinho. Observe que R tem três vizinhos. Não iremos adicioná-los novamente porque todos já foram colocados na fila e não estão prontos.

FRONT=4	QUEUE=P	Q	S	R	T
	U				
REAR=5	ORIG =\O	P	P	P	Q
	S				

(f) FRONT =FRONT + 1 desenfileira o nó criando um vizinho T. Observe que T tem dois vizinhos. Não adicionamos ambos porque não está pronto e já foi colocado na fila.

FRONT=3	QUEUE=P	Q	S	R	T
	U				
REAR=5	ORIG =\O	P	P	P	Q
	S				

(g) FRONT = FRONT + 1 Retirar o nó da fila, enfileirar os vizinhos de U. Adicione U ao ORIG do vizinho. G não tem vizinhos que não tenham sido processados até agora.

FRONT=3	QUEUE=P	Q	S	R	T
	U				
REAR=5	ORIG =\O	P	P	P	Q
	S				

Finalmente, obtivemos a travessia BFS desejada do gráfico fornecido. Qual é P,

Q, S, R, T, você.

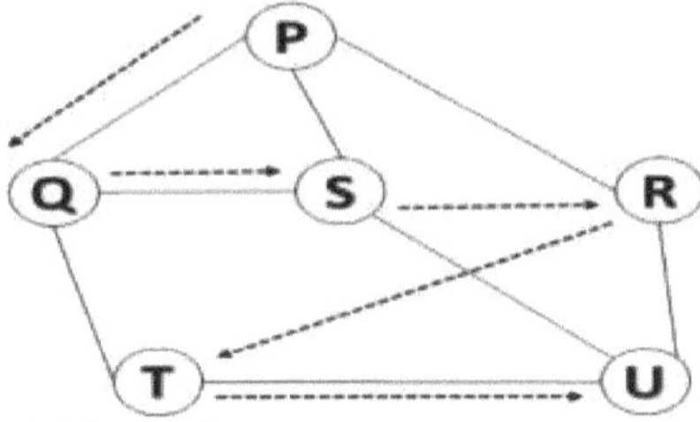

Figura 6.7 Travessia do Gráfico BFS

1) Recursos do algoritmo de pesquisa em amplitude

a)   Complexidade espacial

Todos os nós em um nível específico devem ser salvos no algoritmo de busca ampla inicial até que seus nós descendentes tenham sido criados no nível seguinte. Portanto, a complexidade espacial é proporcional ao número de nós do gráfico. Dada uma complexidade espacial assintótica com b (número de filhos em cada nó) e profundidade d o número de nós no nível mais baixo O (bd).

A complexidade espacial também pode ser mostrada antecipadamente quando o número de vértices e bordas no grafo é conhecido como O (| E|+|V|), onde o número de arestas em G | E| e o número total de nós ou vértices em G e | V| é conhecido.

b)   Complexidade de tempo

No pior cenário, a busca de largura inicial tem que cruzar todos os caminhos para quaisquer nós e a complexidade de tempo deste algoritmo se aproxima assintoticamente (bd). A complexidade do tempo, entretanto, pode alternativamente ser representada como O (| E | + | V |) porque cada aresta e vértice serão investigados na pior das hipóteses.

c)   Completude

A primeira pesquisa em largura é considerada um algoritmo completo, pois a primeira pesquisa em largura, independentemente do tipo de gráfico, localizará a solução. Mas se não houver soluções potenciais num diagrama infinito, ele diverge.

d)   Otimização

A largura da primeira pesquisa é ideal para um gráfico com os mesmos intervalos de comprimento, pois sempre entrega o resultado entre o nó inicial e o nó de destino com os menores intervalos. Mas temos gráficos com custos ligados a cada aresta em geral em aplicações do mundo real, portanto a meta próxima ao início não deve ser o objetivo mais barato de alcançar.

e)   Aplicações do algoritmo de pesquisa em amplitude

A primeira pesquisa ampla pode ser usada para resolver vários problemas, por exemplo:

•   Todos os componentes conectados podem ser encontrados no Gráfico G.

•   Todos os nós em um único componente conectado podem ser identificados.

•   Encontre o caminho mais curto de uma rede não ponderada entre dois nós, U e V.

•   O caminho mais curto do gráfico ponderado entre dois nós, u e v.

6.5 Algoritmo gráfico

Nesta seção, descreveremos alguns algoritmos básicos do gráfico. Esses algoritmos são úteis para várias aplicações gráficas e, com a ajuda desses algoritmos, podemos obter rapidamente os resultados desejados.

6.5.1 Algoritmo de Kruskal para encontrar a árvore geradora mínima (MST) Uma árvore geradora mínima do grafo G é a árvore vinculada e não direcionada que conecta todos os vértices. Pode haver muitos MST distintos em um grafo G. Podemos atribuir pesos a cada aresta usando esse número para atribuir um peso a uma árvore estendida por meio do cálculo do total de pesos das arestas. O MST cobre as arestas de uma árvore, com peso mínimo de árvore (soma dos pesos das arestas).

Tomemos como exemplo uma empresa de televisão a cabo analógica no novo bairro. Somente em certos caminhos pode ser criado um gráfico que descreve os pontos conectados pelos caminhos se o cabo estiver restrito ao enterramento. Devido ao comprimento e profundidade em que o cabo é colocado, alguns caminhos podem ser mais caros que outros. Arestas ponderadas maiores podem indicar esse caminho. Portanto, a árvore geradora seria um subconjunto de caminhos para tal grafo, que não possui ciclos, mas ainda assim se conecta a todas as casas. Este diagrama pode fornecer muitas árvores exclusivas; entretanto, a árvore mais baixa seria a grama menos grande. O Algoritmo 6.3 mostra a maneira de encontrar a árvore geradora mínima de um grafo usando o algoritmo de Kruskal.

Algoritmo 6.3: Algoritmo de Kruskal para encontrar a árvore geradora mínima

---

Etapa 1: comece adicionando a borda de peso mínimo ao MST.

Passo 2: Adicione as arestas ao MST com peso crescente até Sem Ciclo.

Etapa 3: Se estiver adicionando uma aresta, crie o Ciclo e pule essas arestas.

Etapa 4: Se TODOS os vértices do gráfico forem cobertos, PARE.

Etapa 5: SAIR

Vejamos o seguinte exemplo mostrado na Figura 6.8 para entender o algoritmo de Kruskal-

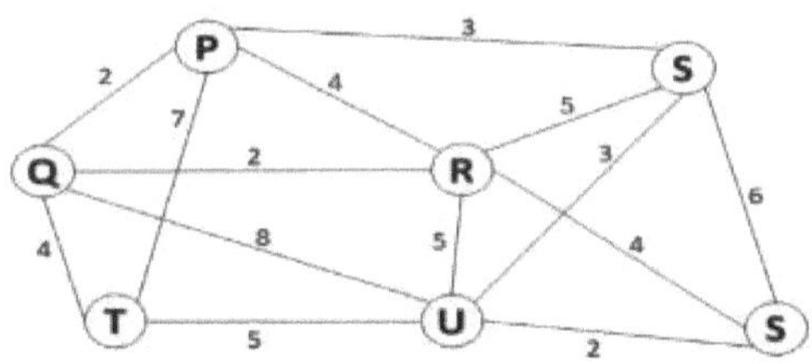

Passo 1 - Remova todos os loops e arestas paralelas

Remova do gráfico fornecido todos os loops e arestas paralelas. Para bordas paralelas, mantenha o menor custo relacionado, elimine todas as outras curvas de nível. Em nosso gráfico, não há arestas e loops paralelos, então o gráfico permanece inalterado.

Passo 2 - Defina todas as bordas em ordem crescente de peso. O próximo passo é produzir e colocar em sequência crescente uma coleção de arestas e pesos (custo).

Passo 3 – Adicione uma aresta que tenha o menor peso

Agora começamos a adicionar arestas do gráfico de menor peso ao MST. Ao longo do processo, começaremos a monitorar se as características de abrangência permanecem intactas. Quando o atributo da árvore estendida não é válido ao adicionar uma aresta, assumiremos que a aresta não está incluída no gráfico.

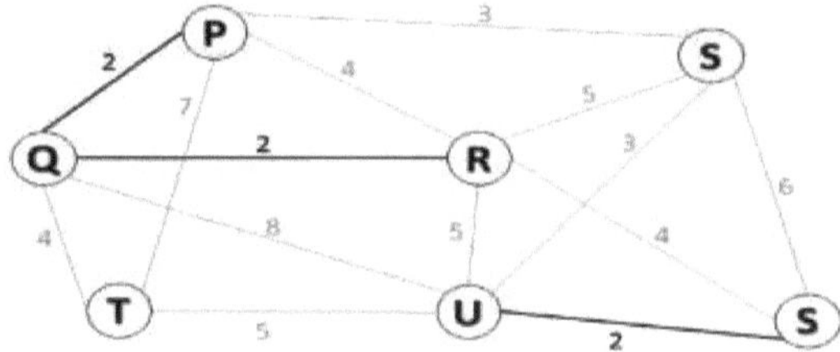

Figura 6.9 Gráfico após adição de aresta de peso mínimo no Exemplo de Algoritmo de Kruskal

O menor custo é de 2 arestas: QP, QR e US. Nós os adicionamos conforme mostrado na Figura 6.9. Adicioná-lo não quebra as lacunas, então continuamos escolhendo a próxima aresta.

O próximo custo é 3 e PS e EUA são arestas associadas. Novamente, nós o adicionamos conforme mostrado na Figura 6.10. -

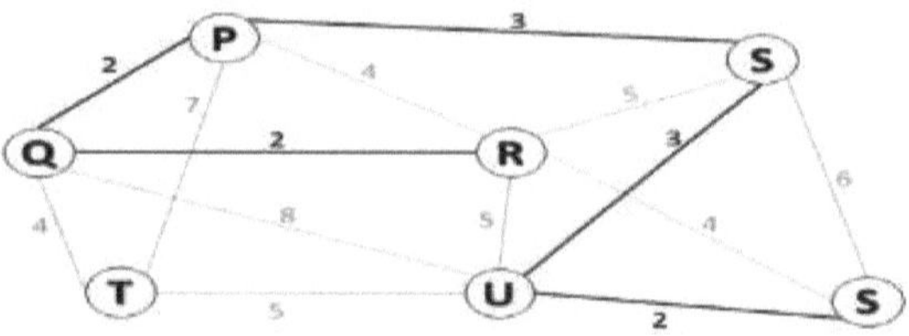

Figura 6.10 Gráfico após adicionar aresta de peso '3' no Exemplo de Algoritmo de Kruskal

O próximo custo na tabela é 4, e observamos que adicioná-lo criará um circuito no gráfico conforme mostrado na Figura 6.11.

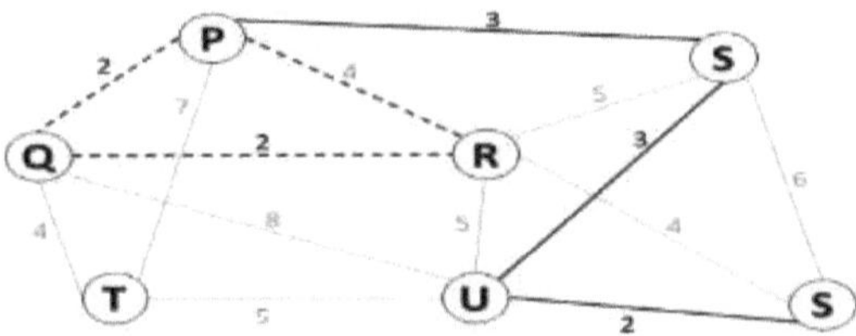

Figura 6.11Circuito criado ao tentar adicionar PR no Exemplo de Algoritmo de Kruskal

Nós ignoramos isso. Neste processo, todas as arestas que criam o circuito são ignoradas/evitadas.

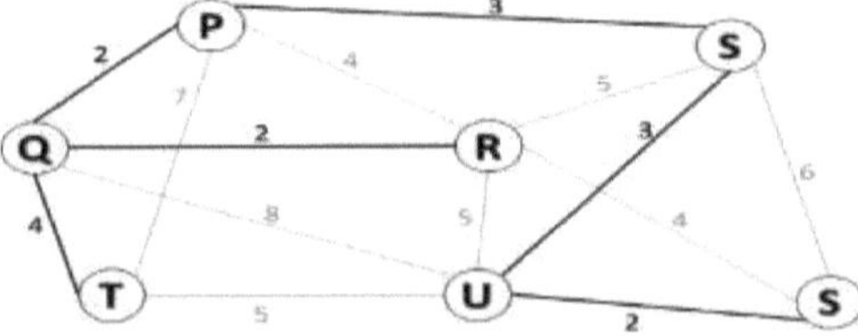

Figura 6.12 Todos os vértices são cobertos no exemplo do algoritmo de Kruskal

Vemos que o circuito criado nas arestas custa 5 e 6 e assim por diante.
Ignoramos e seguimos em frente conforme mostrado na Figura 6.12.
A Figura 6.13 mostra a árvore geradora mínima necessária do gráfico.
Que tem apenas N-1 arestas e podemos viajar a partir de qualquer par de nós.

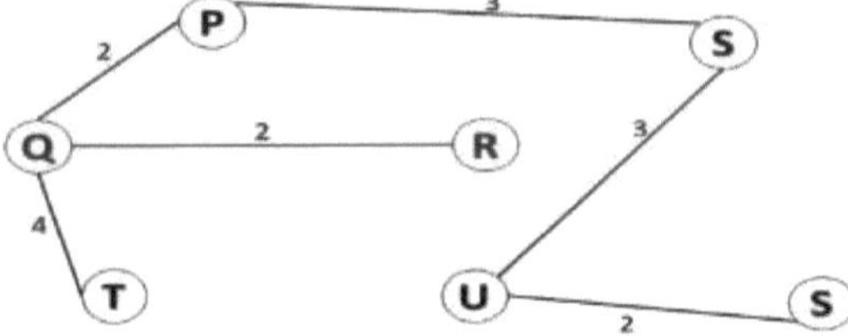

Figura 6.13 Árvore geradora mínima do gráfico usando o algoritmo de Kruskal

Aplicações de árvores geradoras mínimas
•   MSTs para redes são frequentemente utilizados. Por exemplo, pessoas que estão separadas por distâncias diferentes desejam estar conectadas através de uma rede telefônica. Para descobrir a rota menos dispendiosa e sem ciclos nesta rede, uma árvore geradora mínima é empregada para fornecer um link que envolva os menores custos.
•   Rotas aéreas são usadas para MSTs. Enquanto os vértices do gráfico indicam cidades, as arestas mostram as rotas que as conectam. Não há dúvida de que quanto maior a distância entre as cidades, maior será o custo cobrado. Os MSTs são, portanto, usados para otimizar rotas de companhias aéreas, identificando a rota menos dispendiosa sem ciclos.
•   Além disso, os MSTs são utilizados para a forma mais barata de

conectar terminais como cidades, eletrônicos ou computadores através de rotas, aeronaves, trens, fios ou telefones.

* MSTs são usados para identificar o caminho mais eficaz em algoritmos de roteamento

6.5.2 Algoritmos de Prim para encontrar MST

O algoritmo de Prim é outra maneira de encontrar o MST para o grafo ponderado conectado. O processo de prims é semelhante aos algoritmos de Kruskal, mas aqui em todas as etapas intermediárias o gráfico está sempre conectado. Neste processo em cada etapa adicionaremos um vértice ao MST, que possui peso mínimo entre os demais. O algoritmo de Prims é mostrado no Algoritmo 6.4. Se E for o não. de arestas e V o não. de vértices, então o tempo de trabalho do algoritmo de Prim pode ser descrito como O(E log V).

Algoritmo 6.4: Algoritmo Prims para encontrar a árvore geradora mínima

Etapa 1: Selecione um nó inicial A.

Passo 2: Até obter o vértice da franja Repita os passos 3 e 4.

Etapa 3: Selecione a aresta e o vértice da árvore de conexão, vértice da franja de peso mínimo.

Etapa 4: adicione a aresta e o vértice selecionados à árvore geradora mínima T.

Etapa 5: SAIR

Vejamos o seguinte exemplo mostrado na Figura 6.14 para entender o algoritmo de Prim-

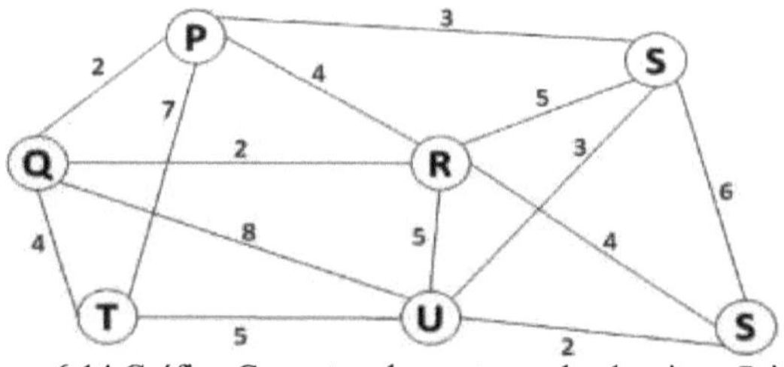

Figura 6.14 Gráfico G mostrando as etapas do algoritmo Prims.

Etapa 1: iniciando o vértice Q.

Etapa 2: adicione os vértices das arestas. O vértice e a aresta das arestas são linhas definidas.

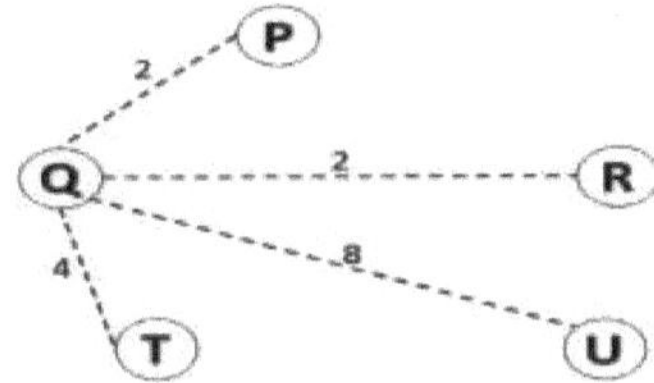

Etapa 3: Adicione a aresta e o vértice ao MST para escolher a aresta que conecta o vértice da árvore à borda, que tem menos peso. Devido à leveza das arestas entre Q e P, adicione P à árvore.

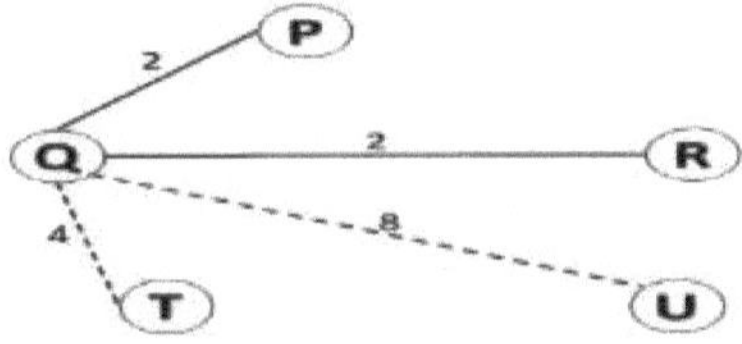

Etapa 4: adicione vértices de franja (adjacentes a P).
Etapa 5: Escolha a aresta com peso mínimo, conexão de aresta e vértice ao vértice da árvore, aresta a (MST) T. Prossiga com o algoritmo até que todos os vértices sejam cobertos.

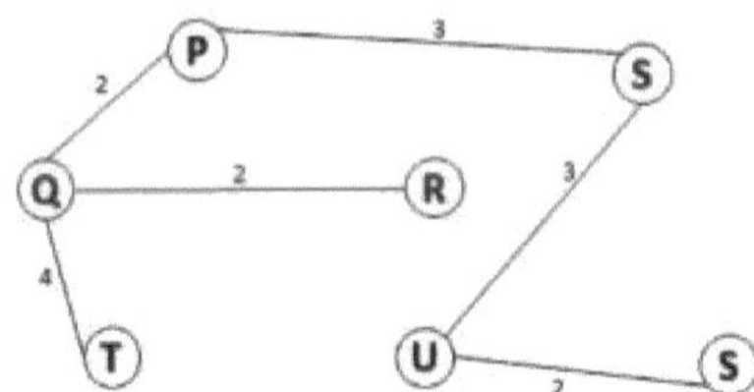

6.6 Aplicação do Gráfico

Gráficos para diversas aplicações são construídos, por exemplo:

• As arestas do gráfico tornam-se vértices e fios componentes em redes de circuitos nas quais os pontos de conexão são desenhados.

• Como uma rede de transporte em que as estações são desenhadas como vértices e rotas tornam-se as arestas do gráfico.

• Em mapas que desenham cidades, estados e regiões como vértices e relações de adjacência como arestas.

• Nas análises de fluxo do programa, os eventos e módulos são vistos como vértices e as chamadas são mostradas como arestas do gráfico.

• Uma vez que tenhamos um gráfico de um conceito específico, os caminhos mais curtos, o planejamento do projeto, etc. podem ser facilmente utilizados.

• As declarações e condições dos programas são representadas em fluxogramas ou gráficos de fluxo de controle, à medida que nós e arestas são mostrados como o fluxo de controle.

• Os nós são usados para representar estados em gráficos de transição de estado, enquanto as arestas representam movimentos legais de um estado para outro.

• Diagramas de rede de atividades de desenho são utilizados em gráficos. Esses diagramas são amplamente utilizados para destacar a ligação entre grupos e tarefas, o que afeta muito o resultado como ferramenta de gerenciamento de projetos.

CAPÍTULO 7

ORDENAÇÃO

7.1 Introdução à classificação

Classificar significa organizar os itens da matriz para que sejam colocados na ordem apropriada, seja crescente ou decrescente. Em outros termos, quando A é uma matriz, os itens de A são classificados (crescente) de modo que A[0] < A[1] < A[2] < [...] < A[N]. Por exemplo, quando um array é definido e inicializado.

int UMA[] = { 21,34,9,3,45 ,0,5 }

Então a matriz classificada

int UMA[] = { 0,3 , 5,9,21, 34, 45}

O algoritmo de classificação é definido como um algoritmo que coloca os elementos da lista numéricos, lexicográficos e especificados pelo usuário em uma determinada ordem. Processos de classificação eficiente são geralmente usados para otimizar o uso de algoritmos, como pesquisa e mesclagem. Existem dois tipos de classificação:

•	Classificação interna de dados que são classificados na memória do computador.

•	Classificação externa para classificar arquivos de dados armazenados na memória secundária. A classificação externa ocorre quando dados grandes não podem ser armazenados na memória principal.

7.2 Tipos de técnicas de classificação

Estão disponíveis várias formas de técnicas de classificação, que variam em eficiência e espaço. Abaixo estão algumas técnicas de classificação que discutiremos nas próximas partes.

•	Tipo de bolha

•	Classificação de inserção

•	Ordenação por seleção

•	Ordenação rápida

•	Mesclar classificação

•	Heapsort

•	Classificação de shell

•	Classificação de raiz

7.2.1 Classificação por bolha

Bubble sort é uma abordagem fundamental que classifica periodicamente os componentes da matriz na posição de índice mais alta, deslocando o maior elemento (no caso de organizar os elementos em ordem crescente). Os

seguintes pares de itens são comparados durante a classificação por bolha.
Todos os elementos são trocados no elemento de posicionamento de índice
frontal maior quando o elemento de índice inferior é maior que o elemento de
índice superior. Um procedimento deste tipo continua até que a lista de itens
não classificados seja concluída. Isso é conhecido como "classificação de
bolhas" devido ao recurso "bolha". Observe que a conclusão do primeiro
passo é o maior elemento da lista (por exemplo, no final da lista).

A seguir está um método básico para trabalhar com classificação por bolha:

a)   O Passo 1 é comparado com A[0] & A[1], A[1] & A[2], A[2] & A[3],
e assim por diante, o A[N-2] & A[N-1] são comparáveis. A passagem 1
inclui comparações n-1 e a matriz de índice mais alto coloca um elemento
principal.

b)   A passagem 2 é comparada a A[0] e A[1], A[1] e A[2], A[2] e A[3] e
assim por diante. Finalmente, A[N-3] é comparado com A[N-2]. O segundo
maior elemento, portanto, no segundo maior índice de array, é n-2
Comparações e locais. Passe 2.

c)   A comparação na passagem 3, A [0] &A [1], A [1] & A [2], A [2] & A
[3], etc. Finalmente, A[N-4] é comparado com A[N-3]. A passagem 3 é o
terceiro maior elemento com o terceiro maior índice de matriz, composto por
comparações n-3.

d)   Na passagem n-1, A [0] e A [1] são comparados, e que A [0]

Entenda o processo com a ajuda do exemplo A[]= {18, 25, 17, 11, 9, 20}

Passe 1

a)   Compare 18 e 25. Como 18<25, nenhuma troca é necessária.

18	25	17	11	9	20

b)   Compare 25 e 17. Desde 25> 17, a troca é feita.

18	17	25	11	9	20

c)   Compare 25 e 11. Como 25> 11, a troca está concluída.

18	17	11	25	9	20

d)   Compare 25 e 9. Desde 25> 9, a troca é feita.

18	17	11	9	25	20

e)   Compare 25 e 20. Como 25> 20, a troca é feita.

18	17	11	25	9	20

Após a conclusão da primeira passagem, o maior elemento do array é
colocado no índice mais alto do array, o array restante ainda permanece sem

classificação.

Passe 2

a)   Compare 18 e 17. Desde 18> 17, a troca é feita.

17	18	11	9	20	25

b)   Compare 18 e 11. Desde 18> 11, a troca é feita.

17	11	18	9	20	25

c)   Compare 18 e 9. Desde 18> 9, a troca é feita.

17	11	9	18	20	25

d)   Compare 18 e 20. Como 18<20, nenhuma troca é necessária.

17	11	9	18	22	25

Após a conclusão da segunda passagem, o segundo maior elemento da matriz é colocado no segundo índice mais alto da matriz, a matriz restante ainda permanece sem classificação.

Passe 3

a)   Compare 17 e 11. Desde 17> 11, a troca é feita.

11	17	9	18	20	25

b)   Compare 17 e 9. Desde 17> 9, a troca é feita.

11	9	17	18	20	25

c)   Compare 17 e 18. Como 17<18, nenhuma troca é necessária.

11	9	17	18	20	25

Após a conclusão da terceira passagem, o terceiro maior elemento da matriz é colocado no terceiro índice mais alto da matriz, a matriz restante ainda permanece sem classificação.

Passe 4

a)   Compare 11 e 9. Como 11> 9, a troca está concluída.

9	11	17	18	20	25

b)   Compare 11 e 17. Como 11<17, nenhuma troca é necessária.

9	11	17	18	20	25

Após a conclusão da quarta passagem, o quarto maior elemento da matriz é colocado no quarto índice mais alto da matriz, a matriz restante ainda permanece sem classificação.

Passe 5

a) Compare 9 e 11. Como 9<11, nenhuma troca é necessária.

9	11	17	18	20	25

Como afirma o loop externo do algoritmo, o número de passagens é necessário para classificar uma matriz. O número de passes é igual ao N-1. Assim, após a conclusão da quinta passagem, todos os elementos do array foram classificados.

Algoritmo 7.1: BUBBLE_SORT(Lista,Máx)

Etapa 1: execute a etapa 2 de i=1 a Max-1.

Etapa 2: execute a etapa 3 de j = 2 a Ni.

Etapa 3: Se Lista[j]>Lista[j+1] então SwapList[j]& Lista[J+1].

Etapa 4: SAIR

a) A complexidade do Bubble Sort

A complexidade de cada algoritmo de classificação depende de quantas comparações são feitas. Em um tipo bolha, vimos um total de N-1 passagens. O primeiro passo é comparar N-1 no local certo com o elemento mais alto. Então, na passagem 2, são feitas comparações entre N-2 e o segundo elemento mais alto é posicionado. Portanto, temos que determinar o número total de comparações para avaliar a dificuldade do bubble sort.

Isso pode ser o seguinte: $f(n) = (n - 1) + (n - 2) + (n - 3) + ..3 + 2 + 1$

$f(n)=O(n^2)$

A complexidade do algoritmo para bolhas é, portanto, $O(n^2)$. Isso significa que o tempo para fazer a classificação por bolhas é proporcional a n^2, onde n é o número total de itens. O Programa 7.1 mostra a implementação do bubble sort.

Programa 7.1: Classificação de um array usando Bubble sort

```c
#include <stdio.h>
int principal()
{
int matriz[100], n, a, d, troca;
printf("Digite o número de elementos \n");
scanf("%d",&n);
printf("Digite %d inteiros \n ", n);
para (uma = 0; uma< n; uma++)
scanf("%d", &array[a]);
para (a= 0 ; a < n - 1; a++)
{
```

```
para (d = 0; d < n - c - 1; d++)
{
if (matriz[d] > matriz[d+1])
{
troca = matriz[d];
matriz[d] = matriz[d+1]; matriz[d+1] = troca;
}
}
}
printf("Lista ordenada em ordem crescente: \n ");
para (a = 0; a <n; a++)
printf("%d \t ", matriz[a]);
retornar 0;
}
```

SAÍDA

Insira o número de elementos
7
Insira 7 números inteiros
234546276734
Lista ordenada em ordem crescente
272334454667

3.   Classifique recursivamente duas submatrizes assim adquiridas. (Uma com sublistas com valores menores que os elementos pivôs e uma com valores maiores que o outro elemento).

4.   Selecione o elemento pivô dos elementos da matriz.

5.   Reorganize todos os elementos na matriz para garantir que os elementos abaixo do pivô apareçam antes do pivô (valores iguais podem ocorrer em qualquer direção). Após o particionamento, o pivô é posicionado em sua posição final. A operação de partição é denominada.

6.   Classifique recursivamente duas submatrizes assim obtidas. (Uma com sublistas de valor menor que o elemento pivô e outra com elementos de valor maior que aquela que contém o outro elemento)

Algoritmo 7.2 Algoritmo Quicksort:---

Etapa 1: Defina o índice para as variáveis loc e left do primeiro elemento do array. Defina o índice para a variável direita do último elemento da matriz. Tal que, loc = 0, left = 0 ou right = n-1 (onde n e em número de elementos da matriz)

Passo 2: Comece pelo elemento apontado pela direita ou varra um array da direita para a esquerda, tentando comparar cada elemento no caminho com o elemento apontado pela variável loc. É a[loc] deve ser menor que a[right].

a)   Se for esse o caso, simplesmente continue comparando até que a direita se torne igual a loc. Right once = loc, significa que o pivô está colocado corretamente.

b)   Mesmo assim, quando em qualquer ponto tivermos a[loc] > a[right], troque dois valores e pule para a Etapa 3.

c)   Defina loc = certo.

Etapa 3: comece com o elemento apontado à esquerda ou examine o array da esquerda para a direita, comparando cada elemento ao longo do caminho com o elemento apontado à direita. Em outras palavras, o valor de a [loc] deve ser maior que o valor de a [left].

a)   Então, simplesmente continue comparando até que a localização seja igual à esquerda. Uma vez left = loc, isso significa que o pivô foi colocado em sua posição correta.

b)   Mesmo assim, quando em qualquer ponto tivermos a[loc] < a[left], troque 2 valores e pule para a Etapa 2.

c)   Definir loc = esquerda

1) A complexidade da classificação rápida

No cenário médio, a velocidade rápida pode ser determinada como O (n log n). A fragmentação do array, que apenas passa pelos elementos do array, consome O(n) tempo.

Na melhor situação, dividimos a lista em duas partes quase iguais sempre que particionamos o array. Em outras palavras, a chamada recursiva processa a - submatriz de meio tamanho. No máximo, é possível fazer apenas chamadas log-nest antes de um subarray de tamanho 1. Isso sugere que a profundidade da árvore é O (log n). E como pode haver apenas O(n) em cada nível, a duração resultante é O (n log n) tempo.

O desempenho da triagem rápida depende praticamente do pivô da peça selecionada. A sua eficiência no pior caso é O(n^2). O pior cenário ocorre quando o array já está classificado e o membro mais à esquerda é selecionado como pivô.

Contudo, muitas instalações selecionam o elemento pivô aleatoriamente. Sempre uma complexidade algorítmica da versão aleatória do algoritmo de classificação rápida (n log n).

2) Prós e contras da classificação rápida

É mais rápido do que outros algoritmos, como classificação por bolha, classificação por seleção e classificação por inserção. A classificação rápida pode ser usada para classificar matrizes pequenas, médias ou grandes. A

classificação rápida no lado oposto é difícil e recorrente. O Programa 7.2
mostra a implementação da classificação rápida.

Programa 7.2: Classifique o array usando Quick Sort

```c
#include <stdio.h>
partição int(int a[], int beg, int end);
void quickSort(int a[], int beg, int end);
vazio principal()
{
int eu;
int arr[10]={90,23,101,45,65,23,67,89,34,23};
quickSort(arr, 0, 9);
printf("\n O array ordenado é: \n");
para(eu=0;eu<10;eu++)
printf("%d\t",arr[i]);
}
partição int(int a[], int beg, int end)
{
int esquerda, direita, temp, loc, flag;
loc = esquerda = implorar;
direita = fim;
bandeira = 0;
enquanto (sinalizador! = 1)
{
while((a[loc] <= a[direita]) && (loc!=direita)) direita--;
if(loc==direita)
bandeira =1;
senão if(a[loc]>a[direita])
{
temp = a[loc];
a[loc] = a[direita];
a[direita] = temperatura;
local = certo;
}
se(sinalizador!=1)
{
while((a[loc] >= a[esquerda]) && (loc!=esquerda)) esquerda++;
if(loc==esquerda)
bandeira =1;
```

```
senão if(a[loc] <a[esquerda])
{
temp = a[loc];
a[loc] = a[esquerda];
a[esquerda] = temp;
local = esquerda;
}
}
}
local de retorno;
}
void quickSort(int a[], int beg, int end)
{
local interno;
if(início<fim)
{
loc = partição(a, início, fim);
quickSort(a, implorar, loc-1);
quickSort(a, loc+1, fim);
}
}
```

SAÍDA

A matriz ordenada é:
23 23 23 34 45 65 67 89 90101

7.2.3 Ordenação por seleção

A classificação por seleção é um algoritmo de classificação para complexidade de tempo quadrática $O(n^2)$, tornando-o ineficiente para listas grandes. Embora a classificação por seleção precise ter um desempenho pior do que o algoritmo de classificação por inserção, isso é conhecido por sua simplicidade e também apresenta grandes benefícios em relação a algoritmos mais complicados para determinadas situações. Geralmente é utilizada a classificação de seleção de arquivos com itens muito grandes (gravações) e chaves pequenas.

Reconheça o array ARR com N elementos. A seleção funciona assim: Encontre no primeiro array o valor mais baixo, primeiro lugar. O segundo valor mais baixo é então encontrado e colocado em segundo lugar na matriz. Repita esta etapa até classificar todo o array. Repita até que todo o array esteja classificado.

124

Algoritmo 7.3: Algoritmo de classificação por seleção

Etapa 1: Encontre uma posição POS com o menor nível na matriz Pass 1 e mude de ARR[POS] para ARR[0]. Assim, ARR[0] foi classificado.

Passo 2: A localização do PDV no ponto mais baixo pode ser encontrada na submatriz dos itens N-1. A troca entre ARR[POS] e ARR[1]. ARR[0] e ARR[1] já estão disponíveis.

Etapa 3: A localização POS das peças menores ARR[N-2] e ARR[N-1] pode ser vista na passagem N-1. ARR[POS] e ARR[N—2] especificados para ARR[0], para ARR[1] e..., para ARR[N—1]..

Etapa 4: SAIR

1) Complexidade da classificação de seleção

O tipo de seleção é um mecanismo de classificação separado da ordem inicial da matriz. A seleção do elemento de menor valor na passagem 1 requer a varredura de todos os n itens. Na primeira passagem, portanto, são necessárias n-1 comparações. Então, na primeira posição, o menor valor é alterado com o elemento. O segundo menor valor é selecionado na passagem 2 e os n-1 elementos restantes precisam ser verificados. Portanto,

$(n - 1) + (n - 2) + ... + 2 + 1 = n (n - 1) / 2 = O(n^2)$ comparações

2) Vantagens da classificação por seleção

- A implementação é direta e fácil
- Pode ser utilizado para pequenos conjuntos de dados.
- A eficiência é maior do que a classificação por bolha. No entanto, a eficácia da classificação por seletor em comparação com a classificação por inserção diminui em grandes conjuntos de dados.

Programa 7.3: Classificando o array usando Selection sort — #include

```c
<stdio.h> int main() {
matriz interna[100], n, a, d, p, t;
printf("Digite o número de elementos \n"); scanf("%d",&n);
printf("Digite %d inteiros\n", n);
para (uma = 0; uma< n; uma++)
scanf("%d", &array[a]);
for (a = 0; a< (n - 1); a++) // encontrando o elemento mínimo (n-1) vezes {
p = uma;
para (d= a + 1; d <n; d++)
{
if (matriz[p] > matriz[d])
P=d;
}
se (p! = c)
```

```c
{
t = matriz [a];
matriz[a] = matriz[p];
matriz[p] = t;
}
}
printf("Lista ordenada em ordem crescente:\n");
para (uma = 0; uma< n; uma++)
printf("%d\t", matriz[a]);
retornar 0;
}
```

SAÍDA

Insira o número de elementos
8
Insira 8 números inteiros
23454627673450
Lista ordenada em ordem crescente
27233445465067

7.2.4 Heapsort

Heapsort é um método de classificação por comparação baseado em uma estrutura de dados heap binária. O tipo de seleção é semelhante quando o elemento máximo é encontrado primeiro e o elemento máximo é feito no topo. Para o elemento restante, repetimos o mesmo método.

Algoritmo 7.4: Algoritmo de classificação de heap: HEAPSORT(ARR,N)

— Algoritmo para classificação de heap: Heapsort(arr,n)

Etapa 1: execute a etapa 2 de i=1 a Max-1.

Etapa 2: CALL Inserir Heap(ARR,N,ARR[I])

Etapa 3: SAIR

Algoritmo para inserção: Insert Heap(arr,n,arr[])

Etapa 1: exclua repetidamente o elemento raiz. Repita enquanto N>0

Etapa 2: CALL Excluir heap (ARR, N, VAL)

Etapa 3: SETN=N+1

Etapa 4: SAIR

---

1) Complexidade da classificação de heap

Duas classificações de heap são usadas: inserção e remoção da raiz. A localização vazia final do array é o posicionamento de cada elemento recuperado da raiz.

126

O número de comparações na Fase 1 ao construir um heap não pode exceder a profundidade de H para encontrar o local correto do novo elemento. Como H é uma árvore inteira, ela não pode ter profundidade superior a m, onde m é o número de elementos no heap H.

O número de comparações g(n) inseridas n entradas ARR em H é, portanto, limitado a: g(n) <= n log n

O primeiro estágio do algoritmo do tipo heap, portanto, leva O (n log n).

A Fase 2 é uma árvore inteira com m elementos com subárvores esquerda e direita como heaps. Se L for a raiz da árvore, serão necessárias 4 comparações para mover L um passo para baixo na árvore H. A árvore precisa de 4 comparações. Como a profundidade de H não pode exceder O (log m), será necessária uma comparação máxima de 4 log m para fazer a árvore reamontar em H para a posição correta.

Como n elementos são removidos do heap H, n vezes são reaproveitados. O número de comparações para a exclusão de n elementos é, portanto, limitado a: h(n) <= 4n log n

O segundo estágio do algoritmo de classificação de heap, portanto, executa O (n log n).

Tempo proporcional a O é necessário para cada estágio (n log n). Portanto, o tempo para ordenar um número de n elementos é proporcional a O no pior caso (n log n).

Programa 7.4: Programa para ordenar um array usando Heap Sort —

```c
#inc lude<stdio. h> temperatura interna;
void heapify(int array[], int n, int i)
{
int maior = i;
int esquerda = 2*i + 1;
int direita = 2*i + 2;
if (esquerda <n&& array[esquerda] >array[maior])
maior = esquerda;
if (direita <tamanho && matriz[direita] > matriz[maior]) maior = direita;
se (maior! = i)
{
temp = matriz[i];
array[i]= array[maior];
matriz[maior] = temp; heapify(matriz, n, maior);
}
}
void heapSort(int array[], int n)
```

```c
{
int eu;
for (i = n / 2 - 1; i >= 0; i--) heapify(array, n, i);
for (i=tamanho-1; i>=0; i--) {
temp = matriz[0];
matriz[0]= matriz[i];
matriz[i] = temp;
heapify(matriz, i, 0);
}
}
vazio principal()
{
matriz interna[100], n,i;
printf("Digite o número de elementos \n"); scanf("%d",&n);
printf("Digite %d inteiros\n", n); heapSort(matriz, n);
printf("Lista ordenada em ordem crescente\n");
para (eu=0; eu<n; ++i)
printf("%d\n",matriz[i]);
}
```

SAÍDA

— Insira o número de elementos

9

Insira 9 números inteiros

234546276751015

Lista ordenada em ordem crescente 257101523454667

7.2.5 Ordenação por inserção

O algoritmo de classificação por inserção é muito básico, com um elemento de cada vez sendo construído na matriz (ou lista) classificada. Todos nós conhecemos essa técnica de classificação, pois costumamos usá-la ao jogar bridge para organizar um baralho de cartas. A ideia principal por trás da classificação por inserção é que cada item seja inserido na lista final em seu local correto. A maioria dos algoritmos de classificação por inserção funcionam movendo os dados atuais além dos valores previamente classificados ou substituindo-os por um valor antes que estejam na posição correta para armazenar memória. O tipo de inserção é menos eficiente do que outros algoritmos avançados, como classificação rápida, classificação de heap e mesclagem.

A classificação por inserção funciona da seguinte maneira:

• Dividido em dois conjuntos de matriz de valores a serem classificados. Uma combinação desses dois dados é ordenada, enquanto a outra salva os valores não classificados.

• Um processo de classificação continuará até que a coleção não classificada contenha os elementos.

• Suponha que existam n elementos no array. Este elemento é originalmente ordenado pelo índice 0 (sujeito a LB = 0). O restante dos itens está incluído na coleção não classificada.

• O primeiro membro da divisão não classificado é o índice da matriz 1 (quando LB = 0).

• O item inicial é coletado e colocado no local certo no tamanho definido para cada iteração do procedimento.

Algoritmo 7.5: Algoritmo de classificação por inserção

Etapa 1: Repita as etapas 2 a 5 para K = 1 a N-1

Etapa 2: SETTEMP=ARR[K]

Etapa 3: STEJ=K-1

Etapa 4: ARR[J+1]=ARR[J]

DEFINIR J=J-1

Etapa 5: DEFINIR ARR[J+1]=TEMP

Etapa 6: SAIR

Para inserir elementos A[K] em uma lista ordenada de elementos A[0], A[1], ..., A[K-1], devemos comparar o elemento A[K] com A[K-1], então o elemento A[K- 2], o elemento A[K-3] etc. até encontrarmos o elemento A[J], o que significa que o elemento A [J] <= A[K]. Para inserir A[K] no local correto, os elementos A[K- 1], A[K-2], ..., A[J] na posição correta e A[K] no local errado devem ser mudou-se para (J+1) [th].

A etapa 1 executa um loop para cada elemento do array. Neste algoritmo, Etapa 1. O valor do K [th] O elemento em TEMP é armazenado na Etapa 2. Na etapa 3, a matriz contém o índice Jth. Na etapa 4, o loop será executado, abrindo espaço nas listas de elementos classificados para o novo item da lista não classificada. Eventualmente, na Etapa 5, o elemento é armazenado em (J+1) [th] localização.

Quando uma matriz já está classificada para classificação por inserção, este é o melhor cenário. Nesta situação, o tempo de execução do algoritmo é linear (ou seja, $O(n)$).

1) Complexidade da classificação de inserção

Quando o array já estiver ordenado, é aconselhável ordenar a inserção. Nesta situação, o algoritmo está rodando de forma linear (ou seja, O(n)). Isso ocorre porque em cada iteração, o primeiro membro do conjunto não classificado é comparado apenas com o membro final do array classificado.

Da mesma forma, quando o array é ordenado em ordem inversa, acontece o pior caso do algoritmo de inserção de tipos. Na pior das hipóteses, praticamente todos os membros do conjunto ordenado devem ser comparados ao primeiro membro do conjunto não classificado. Além disso, antes de inserir o próximo elemento, cada iteração do loop interno deve mover os itens do array ordenado. Existe, portanto, um tempo de execução quadrático (por exemplo, O(n2)) do tipo inserção no pior caso).

Mesmo na situação média, pelo menos (K-1)/2 comparações são necessárias para o algoritmo do tipo de inserção. Existe, portanto, um tempo de operação quadrático para a situação média.

2) Vantagens da classificação por inserção

As vantagens deste algoritmo de classificação incluem:

- É simples de usar em pequenos conjuntos de dados e fácil de implementar.

- Ele pode ser implantado de forma eficiente em conjuntos de dados existentes substancialmente classificados.

- Funciona melhor do que algoritmos como tipo de seleção e tipo de bolha. O algoritmo do tipo insert é mais fácil que o tipo shell, com pouco comprometimento da eficiência. É mais que o dobro do tamanho da palheta e quase mais rápido que a bolha.

- Menos espaço de memória (apenas espaço de memória adicional O(1) é necessário).

- É considerada online, pois a lista pode ser classificada à medida que novos elementos são recebidos.

Programa 7.5: Classificação por inserção

-

```c
#include <stdio.h>
int principal()
{
int n, matriz[1000], c, a, t, f = 0;
printf("Digite o número de elementos\n");
scanf("%d",&n);
printf("Digite %d inteiros\n", n);
para (c = 0; c <n; c++)
scanf("%d", &matriz[c]);
```

```c
para (c = 1; c <= n - 1; c++)
{
t = matriz [c];
para (a= c - 1 ; a>= 0; a--)
{
se (matriz[a] > t)
{
matriz[a+1] = matriz[a];
f = 1;
}
outro
quebrar;
}
se (f)
matriz[a+1] = t;
}
printf("Lista ordenada em ordem crescente:\n");
for (c = 0; c <= n - 1; c++) { printf("%d\n", array[c]);
}
retornar 0;
}
```

SAÍDA

Insira o número de elementos
6
Insira 6 números inteiros 2345462767
Lista ordenada em ordem crescente 2723454667

7.2.6 Classificação de shell

Shell sort, inventado em 1959 por Donald Shell, é um algoritmo de classificação generalizada por inserção. Observamos dois aspectos ao discutir o tipo de inserção:

• Primeiro, se as informações de entrada estiverem "quase classificadas", a classificação por inserção funciona bem.

• Em segundo lugar, o tipo de inserção é bastante ineficiente de utilizar, pois apenas uma posição por vez move os valores.

Ao contrário do tipo de inserção, o tipo Shell é visto como um aprimoramento, pois compara componentes com locais diferentes. Isso permite que o elemento entre em seu lugar previsto. Os tipos de shell são organizados em várias passagens e cada passagem produz dados com lacunas estreitas e menores. Não inclua dados. No entanto, o tipo de inserção simples é o último estágio da classificação de shell. Embora cheguemos ao penúltimo estágio, os elementos estão 'quase classificados', portanto funciona bem.

Se olharmos para um caso em que no ^{2r} parte do array o menor elemento é colocado, o array em $O(n^2)$ será classificado em $O(n^2)$ e a comparação e troca ocorrerão em torno de n para mudar o valor para o local adequado. Por outro lado, a classificação de shell promove valores menores com passos enormes primeiro, de modo que apenas algumas comparações e trocas se movem bastante em direção à sua posição final.

Algoritmo 7.6: Algoritmo de classificação de shell Shell Sort (Arr, n)

Etapa 1: SET FLAG = 1 GAP_SIZE = N _SIZE = N

Etapa 2: Repita as etapas 3 a 6 enquanto FLAG = 1 OU GAP_SIZE>1

Etapa 3: DEFINIR BANDEIRA=0

Etapa 4: DEFINIR GAP_SIZE=(GAP_SIZE+1)/2

Etapa 5: Repita a Etapa 6 para I= para I<(N-GAP_SIZE)

Etapa 6: SE Arr[i+GAP_SIZE]>Arr[I]

SWAP Arr[I+GAP_SIZE],Arr[i]

DEFINIR BANDEIRA=0

Etapa 7: FIM

Exemplo: Classifique os elementos fornecidos abaixo usando shell sort.

63,19,7,90, 81,36, 54, 45,72, 27, 22,9,41, 59, 33

Solução: Organize os elementos do array na forma de uma tabela e classifique as colunas.

Resultado:

63 19 7 90 81 36 54 45	63 19 7 9 41 36 33 45
72 27 22 9 41 59 33	72 27 22 90 81 59 54

Os elementos do array podem ser dados como:

63,19,7,9,41,36,33, 45,72,27,22,90,81, 59,54

Repita a Etapa 1 com um número menor de colunas longas.

Resultado:

63 19 7 9 41	22 19 7 9 27
36 33 45 72 27	36 33 45 59 41
22 90 81 59 54	63 90 81 72 54

Os elementos do array podem ser dados como:

22,19,7,9,27,36,33,45,59,41,63,90, 81, 72,54

Repita a Etapa 1 com um número menor de colunas longas.

Resultado:

22 19 7	9 19 7
9 27 36	22 27 36

3345 59   33 45 54
41 63 90 41 63 59
81 72 54 81 72 90
Os elementos do array podem ser dados como:
9,19,7, 22, 27,36,33,45,54,41,63,59,81,72,90
Por fim, organize os elementos do array em uma única coluna e classifique a coluna.
Resultado:
9   7
19   9
7   19
22 22
27 27
36 33
33 36
45 41
54 45
41 54
63 59
59 63
81 72
72 81
90   90
Finalmente, os elementos do array podem ser dados como:
7,9,19,22,27,33,36,41,45,54,59,63,72,81,90
Programa 7.6: Programa para ordenar array usando o Shell Sort
#include <stdio.h>
void shellsort(int arr[], int num)
{
int i, j, k, tmp;
para (eu = num/2; eu > 0; eu = eu/2)
{
para (j = i; j < num; j++)
{
para (k = j - i; k >= 0; k = k - i)
{
if (arr[k+i] >= arr[k]) pausa;
senão { tmp = arr[k]; arr[k] = arr[k+i]; arr[k+i] = tmp;
}

```c
}
}
}
}
int principal()
{
int arr[30];
int k, num;
printf("Insira o número total de elementos: "); scanf("%d", &num);
printf("\nDigite %d números: ", num);
para (k = 0; k < num; k++) {
scanf("%d", &arr[k]);
}
shellsort(arr, num);
printf("\n Array ordenado é: ");
para (k = 0; k <num; k++)
printf("%d ", arr[k]);
retornar 0;
}
```

SAÍDA

Insira o número total. de elementos
5
Digite 5 números:
45 62 58 39 27
A matriz classificada é:
27 39 45 58 62

7.2.7 Mesclar classificação

O tipo de mesclagem é o método de classificação que usa processos divididos, conquistados e mesclados. Dividir significa dividir uma matriz de n itens em duas submatrizes de n/2 itens. Já está classificado quando A é nulo ou matriz de elementos. Se a matriz tiver mais itens, divida-a em duas submatrizes, A1 e A2, cada uma com cerca de metade de A.

Conquistar significa classificar duas submatrizes recursivamente usando o tipo de mesclagem.

Combine indica que duas submatrizes N/2 são combinadas para criar uma matriz de N elementos classificada.

O algoritmo Fusion concentra-se em quatro conceitos principais de melhoria de desempenho (tempo de execução):

• 	A lista menor requer menos etapas e, portanto, menos tempo para classificar do que a lista grande.

• Leva menos tempo para construir a lista ordenada em duas listas ordenadas devido ao número de estágios.

• As etapas básicas de um algoritmo de tipo de mesclagem estão abaixo:

• Agora é classificado quando o comprimento da matriz é 0 ou 1.

• Divida a matriz não classificada em duas submatrizes com aproximadamente metade do tamanho .

• Use a técnica de classificação por mesclagem para classificar cada submatriz.

• Mesclar em uma única lista de classificação das duas submatrizes.

Algoritmo 7.7: Algoritmo de classificação de mesclagem: MERGE (ARR, BEG, MID, END)

Etapa 2: Repita enquanto (I <= MID) AND (J <= END)
SE ARR[I] < ARR[J]
DEFINIR TEMP[ÍNDICE] = ARR[I]
DEFINIR I=I+1
OUTRO
DEFINIR TEMP[ÍNDICE] = ARR[J]
CONJJ=J+1
[FIM DO SE]
DEFINIR ÍNDICE = ÍNDICE+1
Etapa 3: [Copie os elementos restantes da submatriz direita, se houver]
IFI> MÉDIO
Repita enquanto J<= END
DEFINIR TEMP[ÍNDICE] = ARR[J]
DEFINIR ÍNDICE = ÍNDICE+1, SETJ=J+1
[FIM DO LOOP]
[Copie os elementos restantes da submatriz esquerda, se houver]
OUTRO
Repita whileI<= MID
DEFINIR TEMP[ÍNDICE] = ARR[I]
DEFINIR ÍNDICE = ÍNDICE+1, SETI=I+1
[FIM DO LOOP]
[FIM DO SE]
Etapa 4: [Copie o conteúdo de TEMP de volta para ARR] SET K= 0
Etapa 5: Repita enquanto K<INDEX
DEFINIR ARR[K] = TEMPERATURA[K]
SETK=K+1

Programa 7.7: Classificação por mesclagem --------

```c
#include<stdio.h>
void mergeSort(int[],int,int);
mesclagem nula(int[],int,int,int);
vazio principal ()
{
int a[10]= {10, 9, 7, 101, 23, 44, 12, 78, 34, 23}; int eu;
mesclarSort(a,0,9);
printf("imprimindo os elementos ordenados");
para(eu=0;eu<10;eu++)
{ printf("\n%d\n",a[i]);
}
}
void mergeSort(int a[], int beg, int end)
{
int meio;
if(início<fim)
{
meio = (início+fim)/2;
mergeSort(a,beg,meio);
mergeSort(a,meio+1,fim);
mesclar(a,início,meio,fim);
}
}
mesclagem nula(int a[], int início, int meio, int fim)
{
int i=beg,j=mid+1,k,index = beg;
temperatura interna[10];
while(i<=meio && j<=fim)
{
se(a[i]<a[j])
```

```
{
temp[índice] = a[i];
eu = eu+1;
}
outro
{
temp[índice] = a[j];
j = j+1;
}
índice++;
}
se(i>meio)
{
enquanto(j<=fim)
{
temp[índice] = a[j];
índice++;
j++;
}
}
outro
{
enquanto(i<=meio)
{
temp[índice] = a[i];
índice++;
eu++;
}
}
k = implorar;
enquanto(k<índice)
{
a[k]=temperatura[k];
k++;
}
}
```


Imprimindo os elementos classificados:

7.2.8 Classificação de raiz

Radix sort é um algoritmo linear de classificação completa que classifica nomes em ordem alfabética. Como existem 26 letras no alfabeto, a raiz é 26 (ou 26) com uma lista de nomes classificados. Esta forma de raiz também é conhecida como raiz de balde. Reconheça as palavras classificadas por letra do nome pela primeira vez. Os nomes são organizados em 26 classes. Os nomes de primeira classe são armazenados na primeira classe, os nomes de segunda classe são armazenados na segunda classe e assim por diante.

Os nomes são classificados pela segunda letra durante a segunda passagem. Nas duas primeiras letras após a segunda passagem, os nomes serão classificados. Este processo continua até a enésima passagem, onde n é o número máximo de letras no comprimento do nome.

Todos os nomes são reunidos em ordem de grupos após cada passagem. Pegue primeiro os nomes do primeiro grupo de nomes que começam com a letra A. Na segunda passagem, reúna os nomes do segundo grupo e assim por diante.

Se a classificação radix em número inteiro tiver sido utilizada, a classificação de cada dígito do número será realizada. A etapa de teste é feita classificando o menor dígito. Nós

têm 10 buckets, cada um com um único dígito (0, 1, 2,   , 9), mesmo ao classificar

inteiros. O número de passagens depende do número máximo de dígitos. ----

Algoritmo 7.8: Classificação Radix --

Etapa 1: Encontre o número mais significativo em ARR como LARGE

Etapa 2: [INITIALIZE] SETNOP = Número de dígitos em LARGE

Passo 3: SETPASS=

Etapa 4: Repita a Etapa 5 enquanto PASS<=NOP-1

Etapa 5: SETI = e INITIALIZE intervalos

Etapa 6: Repita as etapas 7 a 9 enquanto I<N-1

Etapa 7: SETDIGIT = dígito na $PASS^a$ posição em A[I]

Etapa 8: adicione A[I] ao intervalo numerado como DIGIT

Etapa 9: INCREMENTAR a contagem do intervalo para o intervalo numerado como DIGIT

Etapa 10: colete o número no balde

Etapa 11: SAIR

1) Complexidade do tipo Radix

Ao avaliar a complexidade da abordagem de classificação radix, suponha que existem n inteiros para classificar e que k é o maior número de dígitos. Um total de k vezes o método de classificação radix foi usado. O loop interno é repetido um número infinito de vezes. Como consequência, o algoritmo de classificação radix leva tempo O(kn) para ser concluído. Quando uma pequena coleta de dados é submetida à classificação radix, o algoritmo é empregado em um tempo assintótico O(n) (conjunto de números muito pequenos).

2) Prós e contras do tipo Radix

O tipo de raiz é um algoritmo simples. Se programado corretamente, o tipo radix é um dos métodos de triagem mais rápidos para letras ou números inteiros. No entanto, várias compensações de classificação de base podem torná-lo menos preferido em comparação com outros algoritmos de classificação. A base de classificação consome mais espaço do que qualquer outro algoritmo de classificação. Além da matriz de números, temos que classificar os números com 10 baldes, classificar 26 baldes apenas com caracteres e classificar pelo menos quarenta baldes com strings alfanuméricas.

O outro problema do tipo radix é que ele depende de números ou caracteres. A liberdade de classificar entradas de todos os tipos de dados está comprometida. O algoritmo deve ser refeito para todos os tipos de dados distintos. O método deve ser reescrito mesmo que a ordem de classificação mude. Portanto, leva mais tempo para desenvolver e construir um algoritmo de classificação geral da raiz que possa lidar com todos os tipos de dados. A classificação Radix é uma excelente escolha para muitos sistemas de classificação rápida. No entanto, existem métodos de classificação mais rápidos disponíveis. Como resultado, o tipo radix não é tão amplamente utilizado quanto outros algoritmos de classificação.

Programa 7.8: Classificação Radix ------------------

```c
#include <stdio.h>
int maior(int a[]);
void radix_sort(int a[]);
vazio principal()
{
int eu;
int a[10]={90,23,101,45,65,23,67,89,34,23}; raiz_sort(a);
printf("\n O array ordenado é: \n");
for(i=0;i<10;i++) printf(" %d\t", a[i]);
} int maior(int a[])
{
int maior=a[0], i;
```

```c
para(eu=1;eu<10;eu++)
{
if(a[i]>maior) maior = a[i];
}
retornar maior;
}
void radix_sort(int a[]) {
int balde[10][10], bucket_count[10];
int i, j, k, resto, NOP=0, divisor=1, maior, pass;
maior = maior(a);
enquanto(maior>0)
{
NOP++;
maior/=10;
}
for(pass=0;pass<NOP;pass++) // Inicializa os buckets
{
para(eu=0;eu<10;eu++)
bucket_count[i]=0;
para(eu=0;eu<10;eu++)
{
resto = (a[i]/divisor)%10;
bucket[restante][bucket_count[restante]] = a[i];
bucket_count[restante] += 1;
}
eu=0;
para(k=0;k<10;k++)
{
for(j=0;j<contagem_de_balde[k];j++)
{
a[i] = balde[k][j];
eu++;
}
}
divisor *= 10;
}
J.___________________________________________
```

SAÍDA

A matriz ordenada é:

7.3 Comparação de várias técnicas de classificação

Compara as complexidades de tempo de diferentes algoritmos de classificação cobertos até agora em termos de cenários médios e de pior caso.

Alqarilhm	Caso Médio	Pior caso
Tipo de bolha	SOBRE(n^2)	C(n^2)
Classificação de intervalo	C(nk)	O($n^{2.k}$)
Ordenação por seleção	SOBRE(n^2)	0(n^2)
Classificação de inserção	0(^{r2})	0(n^2)
Classificação de shell	-	0($n \log^2 n$)
Mesclar	0(n log n)	0(n log n)
Classificação de ...	O (o log n)	0(n log n)
Ordenação rápida	0(n log n)	0(l^2)

Figura 7.1 Conceito de hash

7.4 Procurando:

Pesquisa é uma operação/técnica que permite encontrar a posição de um determinado objeto/valor na lista. Qualquer pesquisa será bem-sucedida ou não, dependendo se o elemento de pesquisa for descoberto ou não. A seguir está uma lista de algumas das técnicas de pesquisa padrão usadas na estrutura de dados:

- Pesquisa Linear ou Pesquisa Sequencial
- Pesquisa binária

7.4.1 Pesquisa sequencial / Pesquisa linear

A pesquisa linear é um método muito simples usado para pesquisar um determinado valor em um array, também chamado de pesquisa sequencial. O valor a ser pesquisado é criado comparando-o em sequência com cada elemento do array até que a correspondência seja encontrada. Pesquisa linear para uma lista não ordenada de elementos Pesquisa (matriz na qual os elementos de dados não são classificados). Por exemplo, quando declaramos o array A[] como sendo, int A[] = {10, 8, 2, 7, 3, 4, 9, 1, 6, 5}; e se o seu valor for VAL = 7, então você está procurando um valor que seja '7' ou não esteja na matriz. quando sim, então ele retorna uma posição de sua ocorrência. POS = 3 in (índice a partir de 0).

Algoritmo 7.9: Algoritmo de Pesquisa Linear:
LINEAR_SEARCH(A,N,VAL)

Etapa 1: [INICIALIZAR]SETPOS=-1&I=1
Etapa 2: Repita a Etapa 3 enquanto I<=N
Etapa 3: SE A[I] = VAL
SETPOS=I
IMPRIMIRPOS
Vá para a etapa 6
Etapa 5: SE POS=-1
O VALOR DE IMPRESSÃO NÃO ESTÁ PRESENTE NA MATRIZ
Etapa 6: SAIR

Complexidade do algoritmo de pesquisa linear:

A pesquisa linear é realizada no tempo para O(n) e n é o número de itens na matriz. Obviamente, se VAL corresponder ao primeiro membro da matriz, o melhor caso na pesquisa linear será. Nesta situação, haverá apenas uma comparação. Além disso, se o VAL não estiver na tabela ou o elemento final da tabela corresponder ao pior caso. N comparações devem ser feitas em ambas as circunstâncias. No entanto, uma matriz ordenada pode ser usada para aumentar o desempenho da técnica de busca linear.

7.4.2 Pesquisa binária

As pesquisas binárias são um algoritmo de pesquisa que funciona bem. Ao compará-lo com uma lista telefônica, a abordagem de pesquisa binária é melhor compreendida. Se quisermos que um determinado nome seja encontrado em um diretório, abrimos-no do centro e verificamos se será verificado no primeiro ou no segundo semestre. Em seguida, abrimos a parte central da página e repetimos até encontrar o título correto.————————————————

Algoritmo 7.10: Algoritmo de Pesquisa Binária: BINARY_SEARCH(A, LB, UB, VAL)

--------S--- t⁻ e-- p---] ---- ; -- - [-- I-- N--- I-- T--- I-- A --- L--- I-- Z--- E---) -- - S--- E--- T--- B---
E--- G⁻=--- L--- B-- e -------- E--- N ---D--=---U--- B---, -- - P--- O S--- = --------------------]

Etapa 2: repita as etapas 3 e 4 enquanto BEG<=END
Etapa 3: DEFINIR MÉDIO = (INÍCIO+ENDY)/2
Etapa 4: SE A[MID]= VAL
DEFINIR POS = MÉDIO
IMPRIMIRPOS
Vá para a Etapa 6
ELSE SE A[MID]> VAL
SETEND=MID-1
OUTRO
DEFINIR INÍCIO=MÉDIO+1
Etapa 5: SE POS=-1
IMPRIMIR "VALOR NÃO ESTÁ PRESENTE NA MATRIZ"

Agora, vamos reconhecer como esse mecanismo é implementado para buscar valor em um array ordenado. Considere um array A[] que é declarado e inicializado como

interno A[] = {0,1,2,3,4,5,6,7,8,9,10):

o valor a ser pesquisado é VAL=9. O algoritmo procederá da seguinte maneira.

INÍCIO=0, FIM=10, MÉDIO = (0+10)/2 = $

Agora, VAL = 9 e A[MID= A[5] = 5

A[5] é menor que VAL, portanto, agora procuramos o valor na segunda metade do array. Então, alteramos os valores de BEG e MID.

Agora, BEG-MID + 1 = 6, END = 10, MID + (6 + 10)/2=16/2 = 8

VAL=9 e A[MID= A[8] = 8

A[8] é menor que VAL, portanto, agora buscamos o valor na segunda metade do segmento. Então, novamente alteramos os valores de BEG e MID.

Agora,BEG=MID + 1 = 9. END= 10, MID =(9 +10)/2 =9

Agora, VAL=9 e A[MID]=9.,

Neste algoritmo, podemos ver que BEG e END são as posições inicial e final do segmento que procuraremos para pesquisar o elemento. MÉDIO (INÍCIO + FIM/2) é calculado. BEG = limite inferior e END = limite inferior inicialmente. Um algoritmo terminará se A[MID] = VAL. Em seguida, defina POS = MID após o término do algoritmo. POS é a posição em que o valor está presente no array.

1) Comparação de métodos de pesquisa

• A principal diferença entre pesquisas lineares e binárias é que leva menos tempo para pesquisas binárias encontrarem uma entrada de lista ordenada. Isso resulta em uma pesquisa binária mais eficiente do que a pesquisa linear.

• Outra diferença entre os dois é que na pesquisa binária é necessária a classificação dos itens, mas na pesquisa linear isso não é necessário.

2) Complexidade do algoritmo de pesquisa binária

Um algoritmo de busca binária pode descrever a complexidade como f(n), em que n é o não. de itens na matriz. A complexidade do algoritmo é calculada pelo número de comparações. No método de busca binária, podemos ver que o tamanho do segmento de busca é reduzido à metade para cada comparação. Portanto, podemos afirmar que o total não. de comparações a serem feitas é fornecida como f(n) > n ou f(n) = log n, para localizar um valor específico na matriz.

7.5 Hashing e indexação

Hashing é o processo de indexação e recuperação de itens (dados) no banco de dados para que possam ser encontrados mais rapidamente usando uma chave hash. A chave hash é um valor que especifica o valor do índice no qual os dados verdadeiros no DS provavelmente serão colocados.

Para armazenar dados neste DS, utilizamos uma noção chamada tabela hash. A tabela hash armazena todos os valores de dados com base nos valores da chave hash. Os dados em uma tabela hash podem ser mapeados usando o valor da chave hash. Alternativamente, uma chave hash pode ser produzida para cada dado ao usar uma função hash. Isso significa que cada entrada da tabela hash é baseada em um par de valores-chave de expressão regular hash. Uma tabela Hash nada mais é do que um array que emprega a função Hash para mapear chaves (dados) em bancos de dados com complexidade de tempo constante ($O(1)$).

As tabelas hash são usadas para adicionar, excluir e pesquisar operações em um DS de forma relativamente rápida. A ideia da tabela hash permite aos usuários inserir, excluir e pesquisar operações por um tempo constante. Para mapear dados em uma tabela hash, cada tabela hash geralmente utiliza uma função chamada função hash.

Uma função hash pega um dado (uma chave) como entrada e retorna um número inteiro (um valor hash) que mapeia os dados para um índice específico na tabela hash. A imagem a seguir mostra o conceito básico de hash e tabela hash.

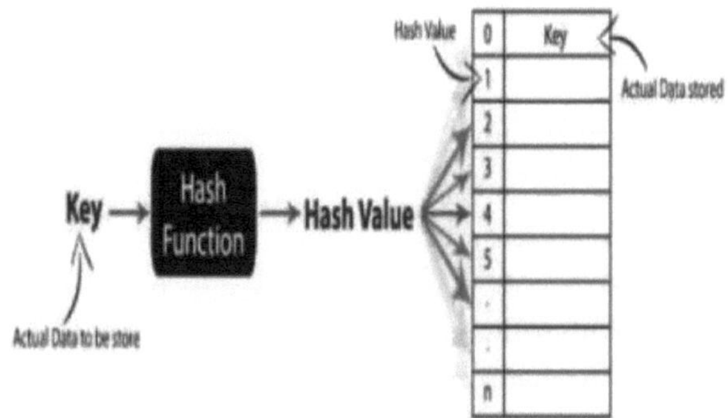

Figura 7.2 Conceito de hash

Uma função hash é uma forma matemática que gera um número inteiro que pode ser usado como índice de chave na tabela hash quando aplicado a uma chave. O objetivo fundamental de uma função Hash é espalhar os elementos de maneira razoável, aleatória e uniforme. Para reduzir a quantidade de colisões, produz um conjunto único de inteiros em um determinado intervalo.

Não existe uma função hash na prática que evite totalmente colisões.

Somente espalhando os elementos de forma consistente por todo o array uma função Hash decente pode limitar a quantidade de colisão.

Referências:

1.   Cormen, Thomas H.; Leiserson, Charles E.; Rivest, Ronald L.; Stein, Clifford (2009). *Introdução aos Algoritmos, Terceira Edição* (3ª ed.). A imprensa do MIT. ISBN 978 0262033848.

2.   * Black, Paul E. (15 de dezembro de 2004). *"estrutura de dados"*. Em Pieterse, Vreda; Preto, Paul E. (eds.). Dicionário de Algoritmos e Estruturas de Dados [online]. *Instituto Nacional de Padrões e Tecnologia*. Recuperado em 06/11/2018.

3.   * *"Estrutura de dados"*. Enciclopédia Britânica. 17 de abril de 2017. Recuperado em 06/11/2018.

4.   * Wegner, Peter; Reilly, Edwin D. (29/08/2003). *Enciclopédia de Ciência da Computação*. Chichester, Reino Unido: John Wiley and Sons. págs. 507-512. ISBN 978-0470864128.

5.   * *"Tipos de dados abstratos"*. Virginia Tech - Estruturas de dados e algoritmos CS3.

6.   * Gavin Powell (2006). *"Capítulo 8: Construindo modelos de banco de dados de rápido desempenho"*.

7.2.2 Classificação Rápida

Classificação rápida é um algoritmo criado por CAR Hoare frequentemente usado que compara O (n logn) com um n elemento médio. Mas um tempo quadrático está disponível em O na pior situação (n ^{12}). O procedimento quicksort é efetivamente mais rápido que O (n logn), uma vez que a implementação adequada pode reduzir a probabilidade de necessidade de tempo quadrático. Às vezes, a classificação rápida é chamada de partição de troca. Tal como acontece com uma combinação, um único sinal não classificado é dividido em duas submatrizes menores através de uma abordagem de divisão e conquista. Um mecanismo de classificação rápida está disponível:

1. Escolha o pivô do elemento da matriz.

2. Remova todos os elementos da matriz de forma que todas as coisas abaixo do pivô sejam mostradas antes do pivô (valores iguais podem ocorrer em qualquer direção). Após o particionamento, o pivô é colocado em sua posição final. A operação de partição é denominada.

Printed by Books on Demand GmbH, Norderstedt / Germany